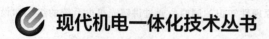

现代机电一体化技术丛书

光机电一体化技术产品
典型实例：工业

林 宋　尚国清　王 侃　编著

GUANGJIDIAN YITIHUA

JISHU CHANPIN

DIANXING SHILI GONGYE

化学工业出版社

·北京·

本书是"现代机电一体化技术丛书"之一。本书从光、机、电有机结合的角度出发，较为全面、系统地阐述了光机电一体化系统的设计原理和方法，讲解了光机电一体化技术及其产品开发，并给出了应用实例。全书共分四章，分别介绍了光机电一体化技术及其工业产品开发、机床产品实例、测量仪器产品实例和设备产品实例。尤其对目前热门的 3D 打印机的工作原理和类型、3D 打印机的关键技术及其应用作了全面的论述。本书的最大特点是在介绍具体产品的原理性知识的同时，通过讲解光机电系统的组成和设计过程，帮助读者了解如何设计光机电一体化产品。

本书图文并茂、内容深入浅出、注重实用。不仅可用作高等院校机电一体化等相关专业本科生的教材，也可供高职院校的相关专业师生选用，或作为机电工程师再教育培训教材。对于从事光机电一体化设计、制造、研究和管理的工程技术人员也有一定的参考价值。

图书在版编目（CIP）数据

光机电一体化技术产品典型实例：工业/林宋，尚国清，王侃编著. —北京：化学工业出版社，2015.10
（现代机电一体化技术丛书）
ISBN 978-7-122-25031-5

Ⅰ.①光…　Ⅱ.①林…②尚…③王…　Ⅲ.①光电技术-机电一体化　Ⅳ.①TH-39

中国版本图书馆 CIP 数据核字（2015）第 204807 号

责任编辑：韩亚南　张兴辉　　　　　　　　　　　装帧设计：王晓宇
责任校对：王素芹

出版发行：化学工业出版社（北京市东城区青年湖南街 13 号　邮政编码 100011）
印　　装：三河市万龙印装有限公司
787mm×1092mm　1/16　印张 9¼　字数 219 千字　　2016 年 1 月北京第 1 版第 1 次印刷

购书咨询：010-64518888（传真：010-64519686）　　售后服务：010-64518899
网　　址：http://www.cip.com.cn
凡购买本书，如有缺损质量问题，本社销售中心负责调换。

定　价：39.80 元　　　　　　　　　　　　　　　　　　　　版权所有　违者必究

"现代机电一体化技术丛书" 编委会

主　任　林　宋

副主任　王生泽　王侃　方建军

委　员（排名不分先后）

胡于进　王生泽　何　勇　谢少荣　罗　均　莫锦秋　王石刚

张　朴　徐盛林　林　宋　殷际英　方建军　尚国清　郭瑜茹

杨野平　戴　荣　周洪江　刘杰生　黎　放　刘　勇　王　晶

王　侃　白传栋　袁俊杰　胡福文　董信昌　马　梅

丛书序

Foreword

机电一体化是指在机构的主功能、动力功能、信息处理功能和控制功能上引进电子技术，将机械装置与电子化设计及软件结合起来所构成的系统的总称。机电一体化是微电子技术、计算机技术、信息技术与机械技术的相互交叉与融合，是诸多高新技术产业和高新技术装备的基础。机电一体化产品是集机械、微电子、自动控制和通信技术于一体的高科技产品，具有很高的功能和附加值。

目前，国际上产业结构的调整使得各个行业不断融合和协调发展。作为机械与电子相结合的复合产业，机电一体化以其特有的技术带动性、融合性和普适性，受到了国内外科技界、企业界和政府部门的特别关注，它将在提升传统产业的过程中，带来高度的创新性、渗透性和增值性，成为未来制造业的支柱。我国已经将发展机电一体化技术列为重点高新科技发展项目，机电一体化技术的广阔发展前景也将越来越光明。

随着机电一体化技术的不断发展，各个行业的技术人员对其兴趣和需求也与日俱增。但到目前为止，国内还鲜有将光机电一体化技术作为一个整体技术门类来介绍和论述的书籍，这与其方兴未艾的发展势头形成了巨大反差。有鉴于此，由北方工业大学、东华大学、上海交通大学和北京联合大学联合编写"现代机电一体化技术丛书"，旨在适时推出一套机电一体化技术基本知识和应用实例的科技丛书，满足科研设计单位、企业及高等院校的科研和教学需求，为有关技术人员在开发机电一体化产品时，提供从产品造型、功能、结构、材料、传感测量到控制等诸方面有价值的参考资料。

本丛书共十二种，包括《机电一体化系统分析、设计与应用》、《机电一体化系统软件设计与应用》、《机电一体化系统接口技术及工程应用》、《机电一体化系统设计及典型案例分析》、《光电子技术及其应用》、《现代传感器及工程应用》、《微机电系统及工程应用》、《光机电一体化技术产品典型实例：工业》、《光机电一体化技术产品典型实例：民用》、《现代数控机床及控制》、《楼宇设备控制及应用实例》、《服务机器人》。

丛书的基本特点，一是内容新颖，力求及时地反映机电一体化技术在国内外的最新进展和作者的有关研究成果；二是系统全面，分门别类地归纳总结机电一体化技术的基本理论和在国民经济各个领域的应用实例，重点介绍了机电一体化技术的工程应用和实现方法，许多内容，如楼宇自动门的专门论述，尚属国内首次；三是深入浅出，重点突出，理论联系实际，既有一定的深度，又注重实用性，力求满足不同层次读者的需求，适合工程技术人员阅读和高校机械类专业教学的需要。

由于本丛书涉及内容广泛，相关技术发展迅速，加之作者水平有限，时间紧促，书中不妥之处在所难免，恳请专家、学者和读者不吝指教为盼！

"现代机电一体化技术丛书"编委会

前言
Foreword

光机电一体化是激光技术、微电子技术、计算机技术、信息技术与机械技术的相互交叉与融合，是诸多高新技术产业和高新技术装备的基础。光机电一体化产品是集光学、机械、微电子、自动控制和通信技术于一体的高科技产品，具有很高的功能和附加值。

目前，国际上产业结构的调整使得各个行业不断融合和协调发展。作为光学、机械与电子相结合的复合产业，光机电一体化产业以其特有的技术带动性、融合性和普适性，受到了国内外科技界、企业界和政府部门的特别关注，它将在提升传统产业的过程中，带来高度的创新性、渗透性和增值性，被誉为21世纪最具魅力的朝阳产业。

现代产品开发人员，不仅要熟悉机械结构、光学系统、传感器、信息处理和控制等方面的知识，而且要熟悉计算机的硬件接口和软件设计方面的知识，这样才能开发出结构简单、功能齐全、效率高、精度高、能耗低、附加值高的光机电一体化产品。本书精选了光机电一体化技术和光机电一体化产品实例，力求及时地反映光机电一体化技术在国内外的最新进展和作者的有关研究成果，内容新颖，系统全面，重点地介绍了光机电一体化技术的工程应用方法和实现方法。注重理论联系实际，配有大量说明图表，尽量避免冗长的公式推导，偏重普及性、实用性和新颖性，在内容深度和语言叙述方面力求满足不同层次读者的需求，适合工程技术人员阅读和高校机械类专业教学的需求。

本书共分4章，第1章主要介绍光机电一体化技术及其工业产品开发，从第2~4章分别介绍了机床产品实例、测量仪器产品实例和设备产品实例。全书由林宋统稿，尚国清和王侃参与了全书的校核，并提出了很多有益的建议。在本书的编写过程中，研究生马梅在查找资料、绘图和文字处理方面给予了很多协助，对此表示深深的谢意。

由于编者水平有限，敬请读者提出宝贵的意见。

编　　者

目录

CONTENTS

第 **1** 章

光机电一体化技术及其工业产品开发

在当今飞速发展的社会里，人们生产和生活所需求的信息量及其加工处理的速度都有惊人的数量级上的提高。如何快捷，及时、准确地捕获各种信息，及时地加以去粗取精，去伪存真，分析、比较，归类、存储、转换和传递，发挥最大效益，达到信息共享至关重要。

随着高容量和高速度的信息发展，电子学和微电子学遇到其局限性。由于光子的速度比电子速度快得多，光的频率比无线电的频率高得多，为提高传输速度和载波密度，信息的载体由电子到光子是发展的必然趋势，它会使信息技术的发展产生突破。

机电一体化技术是随着生产的发展，在以机械技术、电子技术、计算机技术为主的多门学科相互渗透、相互结合的过程中逐渐形成和发展起来的一门边缘学科。回顾机电一体化的发展历程可以看到，数控机床的问世，揭开了机电一体化的第一页；微电子技术为机电一体化带来蓬勃生机，可编程控制器和电力电子的发展为机电一体化提供了坚实的基础，而激光技术、信息技术使机电一体化技术整体上了一个新台阶，越来越多的光学元件被应用到机电一体化系统中，导致了机电一体化的一个重要分支——光机电一体化的诞生。

如果说，机电一体化的实质是以微电子技术为核心的信息技术革命，是将机械技术、微电子技术、信息技术、控制技术等在系统工程的基础上有机地加以综合的技术，实现整个机械系统的优化，达到人类的体力延伸、脑力增强的目的，而光机电一体化（Opto-mechatronics）技术则是由光学、光电子学、电子信息和机械制造及其他相关技术交叉与融合而构成的综合性高新技术，是诸多高新技术产业和高新技术装备的基础。它在机电一体化的基础上更强调了光、光电子、激光和光纤通信等技术的作用，丰富和拓宽了机电一体化技术的内涵和外延，从加工系统到医疗仪器、从家用电器到军事装备都离不开它。信息、材料、能源、空间、海洋等高科技领域的技术发展和产业化，传统产业的技术改造，武器装备的现代化都要用到光机电一体化技术。

光机电一体化系统具有结构简单、功能多、效率高、精度高、能耗低的特点，与传统的机械产品比较，光机电一体化产品具有以下 3 个优点。

① 原有的机构产品中增加信息处理装置及相应软件，来替代原有产品的部分机械控制机构，不仅提高了自动化程度，而且能大大提高产品质量，降低生产成本，提高经济效益。

② 光机电一体化技术为主的新型产品，与原机械产品相比，不仅结构简单，而且功能增加，精度提高。

③ 将光电子技术、传感器技术、控制技术与机械技术各自的优势结合起来,形成综合化优势,可开发出具有多种功能、智能化的高新技术产品。

目前,世界各国高新技术及其产业竞争的焦点正从微电子产业转向光电子信息产业,光机电一体化产业已经成为 21 世纪最具魅力的朝阳产业,光机电一体化技术产业以其特有的技术带动性、融合性和广泛适用性成为高新技术产业中的主导产业,将成为新世纪经济发展的重要支柱。目前国际上产业结构不断进行调整,使各行业不断融合和协调发展,在提升传统产业的作用中,光机电一体化技术具有高度创新性、渗透性和增值性。

1.1 光机电一体化产业

光机电一体化产业可为国民经济提供先进的基础装备,光机电一体化产业应符合两大特征:一是综合应用了激光、电子信息和机械制造技术,这些技术之间有较为和谐的融合度;二是可以为国民经济其他产业提供基础装备。

1.1.1 光机电一体化产业的主要领域及其关键技术

光机电一体化产业目前有四个主要领域:先进制造装备(工业机器人、数控机床、激光加工设备、激光三维快速成形设备)、仪器仪表装备(激光测振仪、激光测速仪、电子经纬仪、GPS 接收机、微光夜视仪、扫描隧道显微镜)、先进印刷装备(高速激光打印机、胶印机)和医疗装备(X 射线诊断仪、心血管造影系统、红外治疗设备、医用电子直线加速器)。机电一体化产业的关键技术既包括产业自身存在的需要突破的技术,也包括电力电子、激光等上游技术环节需要突破的技术,它们在如下四个主要领域中。

① 先进制造装备:包括计算机辅助设计、计算机辅助制造、管理信息系统计算机辅助工艺过程设计;

② 仪器仪表装备:包括自动测试技术、信息处理技术、传感器技术、现场总线技术;

③ 先进印刷装备:数字印刷技术、制版技术;

④ 先进医疗装备:信息处理技术、图像处理技术、影像显示技术、医用激光技术。

1.1.2 光机电一体化产业链

从生产环节上看,光机电一体化产业链涉及几个方面的内容,从图 1-1 可以看出:产业链条从客户需求环节开始,由设计环节、机械制造和数控系统、整机组装,形成最终产品,交付客户使用,产业链条基本完成。专业的服务也逐渐成为光机电一体化产业中一个重要的产业。

① 设计行业 设计环节将可能是未来光机电一体化产业增值最大的一个环节。CAD 软件的设计和生产也必将成为制约光机电一体化产业发展水平高低的一个重要部分。

② 机械制造业 机械制造是光机电一体化产品从设计图纸转变为实际物体的一个必要环节。

③ 数控系统 数控系统是光机电一体化产品的核心,

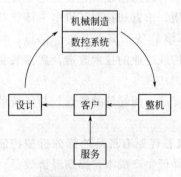

图 1-1 光机电一体化产业链的生产环节

数控化水平的高低是代表该产品档次高低的灵魂。

④ 整机组装　到高级阶段，设计与组装逐步分离，设计提出标准，拥有品牌，成为产业发展的主导力量，整机组装则成为相对独立而又依附于设计的品牌打工者。

⑤ 客户需求　生产链条从客户需求开始，到客户需求得到满足结束，完成一个循环。

⑥ 服务　传统的售后服务进一步扩大到全方位的服务，使服务行业独立出来，成为光机电一体化产业链条正常运转不可缺少的重要环节。

从图 1-2 的光机电一体化产业链技术环节可以看到，计算机集成制造是发展方向，而上游产业是光机电一体化产业的主要技术支撑。上游产业的每一次技术革新，又为光机电一体化产品的升级换代创造了契机。

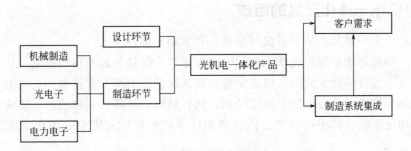

图 1-2　光机电一体化产业链的技术环节

光机电一体化技术对传统产业的技术改造、新兴产业的发展、产业结构的调整优化起着巨大的促进作用。由于光电子技术具有精密、准确、快速、高效等特点，它有助于全面提高工业产品的高、精、尖加工水平，并大幅度提高附加值及竞争能力。以激光加工技术为例，将其应用于汽车、航空、航天、通信、微电子等工业，具有加工速度快、效率高、质量好、变形小、控制方便和易于实现自动化生产等优点，对提高产品质量、降低生产成本、提高国际市场竞争能力具有重要作用。

光机电一体化是一个总的技术指导思想，它不仅体现在一些机电一体化的单机产品之中，而且贯穿于工程系统设计之中。从简单的单台光机电一体化产品，到现代工业中的柔性加工系统；从简单的单参数显示，到复杂的多参数、多级控制；从机械零部件连续自动热处理生产线，到各种现代高速重型机械自动化生产线等，光机电一体化技术都有不同层次、覆盖面很广的应用领域。对于工程系统，需成套地进行开发和制造。对于光机电一体化单机产品（设备），应采用简繁并举、高低级并存的多层次发展途径。可发展功能附加型的低级产品，也可发展功能替代型的中级产品，还可发展机电融合型的高级产品，成为前所未有的新一代产品。

光机电一体化产业化主要有两个层次：一是用光电子技术改造传统产业，其目的是节能、节材、提高工效，提高产品质量，促进传统工业的技术进步；二是开发自动化、数字化、智能化光机电产品，提高产品的技术含量，促进产品的更新换代。如用数码光电技术代替胶片、用半导体激光器或发光二极管代替传统光源和某些激光器，可使产品档次迅速提高。光电子技术派生出若干新兴科学技术和新兴的高技术产业，极大地推动高新科技的发展和产业结构的调整优化。

1.2 光机电一体化产品

光机电一体化产品是包含光学技术、机械技术、微电子技术、计算机技术、信息技术、自动控制技术和通信技术的高科技产品，光机电一体化产品是在其组成的各种技术相互渗透、相互结合的基础上，相互辅助、相互促进和提高，充分利用各个相关技术的优势，扬长避短，使组合后的整体功能大于组成整体的各个部分功能之和，使系统或设备的性能达到精密化、高柔化、智能化。

1.2.1 光机电一体化产品的组成

典型的光机电一体化产品分系统（整机）和基础元部件两类。

光机电一体化系统是指将光学、机械学、电子学、信息处理和自动控制及应用软件等当代各种高新技术进行综合集成的一项边缘性、交叉性的应用型工程技术。光机电一体化系统主要由 5 个部分组成：动力系统、机械结构、执行器械、计算机和传感器，组成一个功能完善的柔性自动化系统，其中计算机、传感器和计算机软件是光机电一体化系统的重要组成部分。

光机电一体化技术在光信息处理和光通信机两个方面的应用尤为显著，特别是大存储、高速度、高可靠性、长寿命、低成本光盘的开发以及液晶平板式显示器、光局域网络的研制生产，都是光机电一体化产品的开发实例。光机电一体化的产品开发见表 1-1，它具有三个层次，即功能层、制造层和设计层。

表 1-1　光机电一体化产品开发

层次	内容	应用
功能层	机器人、医疗、环境、测量光机械（激光显微镜、相机）	光传输、光变换、光信息、光信息处理，光信息机器（光盘激光打印机、光显示）
	测量仪器、传感器	光通信机（传真光局域网、光连接器）
	非球面镜、透镜、多棱镜光传动器、扫描器	高频率激光器、短波长激光器、多束激光器、集成光器功能元件、空间光调制器
	智能材料	各种光学功能材料
制造层	微细加工工艺、光模块装配测量、控制	光刻设备、镀膜设备、工艺设备、精密工作台
设计层	设计	CAD/CAM 设计

1.2.2 光机电一体化产品的特点

光机电一体化产品具有结构简单、功能多、效率高、精度高、能耗低的特点，与传统的机械产品比较，光机电一体化产品主要有以下 3 个优点。

① 将原有的机械产品中增加信息处理装置及相应的应用软件，来替代原有产品的部分机械控制机构，不仅提高了自动化程度，而且能大大提高产品质量，降低生产成本，提高经济效益。例如，数控机床能很明确地按事先安排好的工艺流程，自动地实现高精度、高效率加工，可有效地提高生产效率和加工精度；采用新型器件和装置，可代替笨重而复杂的机械

或电子装置，如光盘驱动器、条形码读出器、图像传感器和激光印刷机等产品都是利用光学读出和读入部件代替了电气和机械的部件。

② 以光机电一体化技术为主的新型产品，与原机械产品相比，不仅结构简单，而且功能增强，精度提高。由微处理器控制装置可方便地完成过去靠机械传动链和机构实现的关联运动，使机械结构简化，体积减小，重量减轻，不仅提高了自动化程度，而且能大大提高产品质量。

③ 将光电技术、测试与传感技术、自动控制技术与机械技术的各自优势结合起来，形成综合性的优势，可研制开发出具有多种功能、智能化的以前无法实现的高新技术产品。如有"头脑"的机器、会说话的机器、具有口和耳朵功能的机器等，而静电复印机、彩色印像机等则是由机、电、光、磁、化学等多种学科和技术复合创新的新型产品。

1.2.3　光机电一体化的组成技术

① 机械技术　是光机电一体化技术的基础。光机电一体化产品的主功能和结构功能，往往是以机械技术为主来实现结构、材料、性能上的变更，从而满足减小质量和体积、提高精度和刚性、改善功能和性能的要求。

② 计算机与信息处理技术　信息处理技术包括信息的交换、存取、运算、判断和决策等。计算机是实现信息处理的工具。在光机电一体化系统中，计算机与信息处理部分控制着整个系统的运行，直接影响到系统工作的效率和质量。

③ 检测和传感技术　其研究对象是传感器及其信号检测装置。而传感与检测是系统的感受器官，是将被测量信号变换成系统可以识别的，具有确定对应关系的有用信号。

④ 自动控制技术　其内容广泛，包括高精度定位、自适应、自诊断、校正、补偿、再现、检索等控制。

⑤ 伺服驱动技术　伺服传动是由计算机通过接口与电动、气动、液压等类型的传动装置相连接，用以实现各种运动的技术。伺服驱动技术的主要对象是伺服驱动单元及其驱动装置。

⑥ 光电转换技术　光电转换过程的原理是光子将能量传递给电子使其运动从而形成电流。

⑦ 系统技术　是从全面的角度和系统的目标出发，组织应用各种相关技术将总体分解成相互联系的若干个功能单元，找出可以实现的技术方案。然后再把功能和技术方案组合成方案组进行分析、评价和选化。

1.3　光机电一体化技术的应用

光机电一体化技术的特征是在机电一体化概念的基础上强调了光、光电子、激光和光纤通信等技术的作用，属于21世纪应用领域更为宽阔的机电一体化技术。光机电一体化技术的运用主要包括在设计中和在加工制造中的运用。光机电一体化技术在设计中的运用也就是光机电一体化设计，它要求设计者不仅要熟悉机械结构、光学系统、传感器、信息处理和控制等方面的知识，而且要熟悉计算机的硬件接口和软件设计方面的知识。

1.3.1　在设计中的运用

（1）信息处理技术

信息的获取、传输、存储、处理等技术手段已成为设计活动的重要工具，利用计算机的高速运算和存储能力，实现对设计过程中所产生的大量数据的实时采集和处理，实现计算结果和计算过程的可视化，对图像信息进行自动处理和自动识别，实现设计的信息化和数字化，实现基于网络的计算机支持的协同工作（CSCW）和信息共享；还可以将计算机作为上位机、可编程控制器作为下位机，使系统具有层次结构，接口合理，便于维护。

通过网络技术实现包括数据、硬件和信息的资源共享，利用仿真技术来评估运行效果，辅助决策。利用包含各种遗传算法、神经网络数据处理方法、专家系统及决策支持系统的智能化软件来优化数据处理，提高运行速度，并可提高决策能力和正确率。人工神经网络是研究了生物神经网络的结果，是对人脑的部分抽象、简化和模拟，反映了人脑学习和思维的一些特点。人工神经网络是一种信息处理系统，它可以完成一些计算机难以完成的领域，模式识别、人工智能、优化等问题；也可以用于各种工程技术，特别适用于过程控制、诊断、监控、生产管理、质量管理等方面。

（2）传感检测技术

光电子技术具有精密、准确、快速、高效等特点，利用激光的方向性和单色性可提供各种基准，如长度、频率、时间。又如大型设备的安装、准直，水坝应力监测，机场的夜间导航，矿山的远距离引爆，大型隧道的自动导航钻进等都可利用激光的准直定位装置。

激光测距具有探测距离远、测距精度高、抗干扰性强、体积小、重量轻的特点。激光干涉运用于精密丝杠、机床、零件、数控设备的测量和校验、坐标精密定位、光学平面检测和地震预测；激光测速具有测速准确、非接触测量、空间分辨率高的特点，可测量速度分布和速度梯度；激光准直能够测量平直度、平面度、平行度、垂直度，也可以做三维空间的基准测量。

（3）设计步骤

对于光机电一体化系统的设计，需注意其从整体到局部的设计原则，应根据系统功能和设计要求提出系统设计的总任务，并进行系统的总体框图设计；然后，将总体框图分解成一个个独立的框图，可分解为光学系统、机械与执行机构、光电传感、信号采集与处理、驱动与控制、软件设计、计算机及其接口等分框图，然后再进一步设计。

设计制作完成后，先对光学系统、机械结构、计算机及其接口、软件进行单独调试，然后开将它们装配起来进行光、机、电、计算机联调。

1.3.2　在制造中的运用

（1）激光加工

激光具有高相干性、高单色性、高方向性和高亮度的特点，激光加工方法已广泛应用于汽车、航空、航天、通信、微电子等众多行业。它可以对多种金属、非金属材料进行加工，特别是可以加工高硬度、高脆性及高熔点的材料（如电子工业中常用的陶瓷材料、硅片等）。其工艺范围广、加工速度快、无噪声、无污染，可以满足各类材料的切割、打孔、焊接、表面热处理、表面合金化。在加工过程中无切削力对工件的影响，因此工件的变形很小；同时由于激光能量高度集中以及加热冷却速度快，可通过控制激光的功率密度和脉冲计数，按要求达到确定的去除深度，从而实现高精度的线切割和点钻孔加工。

（2）金属表面的激光强化

使用激光进行淬火，可精确控制淬硬层深度，可实行自冷淬火，并易于实现数控。只要光束能照到的部位均可进行处理。在汽车生产中，如钢套、曲轴、活塞环和齿轮等经激光热处理后，不必再进行后处理，可直接送到装配线上安装。激光合金化与熔覆可将一种或多种合金元素与基材表面快速融凝，从而使基材表层具有预定的高合金特性。

（3）激光快速成形

快速成形技术综合了计算机、CAD、数控、物理、化学、材料等多学科领域的先进成果，其制造思想是将传统的材料去除和变形成形转变为逐渐增加材料的方法，将三维实体按一定方向平面化，然后分层叠加，最后得出快速原形体。可以一次成形复杂的零部件或模具，不需要任何工艺装备，具有速度快、柔性好、集成度高等特点。

快速成形技术的基本工作原理是离散/堆积。首先是将零件物理模型由概念设计或事物模型反求得出相应的 CAD 模型，然后将 CAD 模型转换成为各类光成形机所能接受的数据信息——STL 文件格式，用分层软件将计算机三维实体模型 Z 方向离散，形成一系列具有一定厚度的薄片，激光束在计算机的控制下有选择性固化或黏结某一区域，从而形成零件实体的一个层面。这样逐渐形成一个三维实体。国内外在近十年已经开发出 10 余种激光快速成形技术，其中应用较多的有：立体光造形技术、选择性激光烧结技术、激光熔覆成形技术、激光近形制造技术和薄片叠层制造技术等。

（4）激光金属塑性成形

激光金属塑性成形可以无需任何模具和任何机械接触就可以生产出金属板料制品。如激光弯曲成形是利用激光束扫描金属板材时，形成的非均匀温度场所导致的热应力来实现塑性变形的成形方法，与传统的金属成形工艺相比，它具有不需要外力和模具、生产柔性大、加工成本低、成形精度高等特点，特别适合于形状简单的单件小批量工件的弯曲成形，在船舶、汽车、微电子和航空航天等领域具有广阔的应用前景。

而激光冲压成形则是利用高功率密度、短脉冲的强激光冲击作用于覆盖在金属板材表面上的能量转换体，使其汽化电离，形成等离子体而爆炸，产生向金属内部传播的强冲击波。由于冲击波压力远远大于材料的动态屈服强度，激光冲压成形的板料变形时间仅为几十纳秒，从而使材料产生塑性变形。这种高速变形条件可实现高压下薄板的全塑性成形，使塑性差的难成形材料能实现冷塑性成形。

1.3.3　在传感检测中的应用

由了光机电一体化系统具有光学、电子、机械和信息处理等方面的技术优势，从而能满足生产过程中的自动监控以及图像分析、精密测量、信息处理和传输、微观探索等各个领域的要求，特别能适应对高速运动或瞬息短暂过程的观察、记录、显示、传递和储存，利用光电转换能在太空、深水、高温、有毒有害气体、核辐射等各种特殊环境下正常工作，因此现代社会迫切要求开发品种更多的光机电一体化的现代光学仪器或光电仪器设备。

例如，红外测温仪可以广泛应用于电力、炼钢等行业，运用红外诊断技术可以对电气设备的早期故障缺陷及绝缘性能做出可靠的预测，将传统电气设备的预防性试验维修提高到预知状态检修。现在大机组、超高电压的发展，对电力系统的可靠运行提出了越来越高的要求。随着现代科学技术不断发展成熟与日益完善，利用红外状态监测和诊断技术具有远距离、不接触、不取样、不解体，又具有准确、快速、直观等特点，实时地在线监测和诊断电气设备大多数故障，几乎可以覆盖所有电气设备各种故障的检测。它在炼钢行业中检测设备故障是一个典型的例子。

红外测温仪由光学系统、光电探测器、信号放大器及信号处理、显示输出等部分组成。光学系统汇聚其视场内的部件红外辐射能量，视场的大小由测温仪的光学零件及其位置确定。红外能量聚焦在光电探测器上并转变为相应的电信号。该信号经过放大器和信号处理电路，并按照仪器内疗的算法和部件发射率校正后转变为被测部件的温度值。

红外测温仪的测温原理是将物体（如钢水）发射的红外线具有的辐射能转变成电信号，红外线辐射能的大小与物体（如钢水）本身的温度相对应，根据转变成电信号的大小，可以确定物体（如钢水）的温度。

如果准确地获得被测设备的温度分布或故障相关部位温度值与温升值，对现场检测过程中或对检测结果的分析处理，保证设备在额定电压和满负荷下运行后，可用红外测温仪对炼钢设备进行检测。由于电气设备故障红外诊断时，故障判断标准往往是以设备在额定电流时的温升为依据，因此当检测时实际运行电流小于额定电流时，应该是现场实际测量的设备故障点温升换算为额定电流的温升，然后通过电子系统进行维修等工作。

1.3.4　在未来先进技术领域里的应用

德国政府在 2013 年汉诺威工业博览会上提出了工业 4.0 的概念，它描绘了制造业的未来愿景，提出继蒸汽机的应用、规模化生产和电子信息技术三次工业革命后，人类将迎来以信息物理融合系统为基础，以生产高度数字化、网络化、机器自组织为标志的第四次工业革命。工业 4.0 是工业生产中，将传统制造技术与物联网、服务网以及数据网相结合，实现生产过程全自动化，产品个性化，前端供应链管理、生产计划、后端仓储物流管理智能化。工业 4.0 是智能制造为主的第四次工业革命。它不仅可以控制将业务流程和组织重组再造，并根据由此产生海量数据及其分析运用，将催生满足动态的商业网络、异地协同设计等新型商业模式的兴起。更为深远的影响是，制造业的这种革命将会渗透到人类社会，所有人和人、人和物以及物和物之间通过互联网实现"万物互联"。

当前，中国制造业正面临前所未有的挑战，受到高端制造业向发达国家回流，低端制造业向低成本国家转移的双重挤压，推进工业化和信息化融合，抢先进入"工业 4.0"时代，保持住我国制造业的竞争力，已经是必须选择的命题。推进信息化与自动化的深度融合，是推动中国制造业转型升级的一剂良方。数字化、智能化技术深刻地改变着制造业的生产模式和产业形态，是新工业革命的核心技术。

近年来，美国总统奥巴马发起成立的先进制造业合作委员会对未来做了展望。该组织划出了包括传感、测量和过程控制、材料设计、合成与加工、数字制造技术、可持续制造、纳米制造、柔性电子制造、生物制造、增材制造、工业机器人和先进成形与连接技术等多个技术领域，认为这些领域将对提高制造业竞争力起到关键作用。

在这些技术领域中，光机电一体化技术占有重要地位。例如在传感、测量和过程控制中，需要广泛使用各种传感器，如监测湿度的传感器、确定位置的 GPS 跟踪器、测量材料厚度的卡尺等。这些设备不仅越来越多地用于智能手机的智能化，还使得智能、灵活、可靠、高效的制造技术成为可能。在一座现代化的工厂里面，传感器不仅有助于引导日益灵敏的机器，还提供管理整个工厂的运营所需要的信息。产品从诞生到送达都可以跟踪，某些情况下还可以跟踪到送达之后。在这个过程中，一旦有问题出现，比如在喷漆室的湿度不适宜喷涂的时候，传感器就会检测出来，向机器操作者发送警报信号，甚至是向工厂管理者的手机发送警报信号。

智能化赋予光机电产品一定的智能，使它具有人的判断推理、逻辑思考、自主决策能力。例如在 CNC 数控机床上增加了人—机对话功能，使之拥有智能 I/O 通道和智能工艺数据库，给使用、操作和维护带来了极大的方便。人工智能技术、神经网络技术及光纤技术等领域取得的巨大进步，为光机电一体化技术开辟了发展的广阔天地。大量的智能化光机电一体化产品不断涌现。现在，模糊控制技术已经相当普遍，甚至还出现了混沌控制的产品。

在数字制造技术领域，工程师和设计师使用计算机辅助建模，不仅用于设计产品，还以数字方式对产品进行检测、修正、改良，常常可以省略更费钱、更费时的实体检验过程。采用云计算和低成本 3D 扫描仪（现在用 iPhone 就可以做一次简单的 3D 扫描）可将这些方法从尖端实验室里搬出来，进入到产品设计与制造中。

兴起于 20 世纪 80 年代末的微机电系统（MEMS）泛指几何尺寸不超过 1cm 的机电一体化产品，并向微米、纳米级发展。纳米制造是能够在分子，甚至原子层面操纵材料。微机电一体化产品体积小、耗能少、运动灵活，在生物医疗、军事、信息等方面具有不可比拟的优势。微机电一体化发展的瓶颈在于微机械技术，微机电一体化产品的加工采用精细加工技术，即超精密技术，它包括光刻技术和蚀刻技术两类。预计纳米材料将来会在高效太阳能电池板、电池的生产过程中发挥作用，甚至会在基于生态系统的医学应用当中发挥作用，比如在体内安置传感器，可以告诉医生癌症已经消失。未来几代的电子设备和运算设备或许也会非常依赖纳米制造。

在增材制造领域，3D 打印机就是一个典型的光机电一体化产品。不仅可能在产量只有一件的时候就能够实现很高的质量，还有希望为全新的设计、材料结构与材料组合创造条件。能够打印 1000 多种材料（硬塑料、软塑料、陶瓷和金属等）的打印机已经开发出来。现在有些打印机可以叠加不止一种材料，还可以将内置传感器和电路编织到智能部件中，如助听器或动作感应手套等。

自 1962 年美国发明了第一台工业机器人以来，工业机器人产业也已经有了半个多世纪的历史了，现如今随着人工成本的不断上升，工业机器人产业终于走到了蓬勃发展的时期。近年来，我国机器人产业迅猛发展，既与劳动力成本不断增加有关，也是工业化发展到一定阶段的产物。目前我国机器人及智能装备产业正处于优化和提升阶段，并将在未来 30 年保持高增长。紧随其后的将是智能装备产业的蓬勃发展，进而催生一场新的产业革命，这场产业革命不再是简单意义上的能源革命，而是更多先进技术的融合发展。工业机器人也是一种典型光机电一体化产品，它可以每天 24h、每周七天地运转，精度可重复且越来越高，时间上可以精确到几百分之一秒，空间上可以精确到人眼都看不到的程度。它们精确地汇报进展，在接受效率测试的时候做出改进，如果安装了先进的传感系统，还会变得更加灵巧。随着机器人变得越来越普遍，它们的经济性也在提高。据麦肯锡全球研究院的一份报告，1990年以来与人工相比的机器人相关成本已经下降高达 50%。另外，随着生物技术和纳米技术的进步，预计机器人能够做的事情将越来越精巧，如药品加工、培植完整人体器官等。

第**2**章
机床产品实例

2.1 并联运动机床

并联运动机床（Parallel Machine Tool，简称 PMT），也称为虚拟轴机床（Virtual Axis Machine Tool）或并联运动学机器（Parallel Kinematic Machine），是基于空间并联机构 Stewart 平台原理开发的一种新概念机床，它采用具有两个或两个以上运动链的并联机构，以实现工具或工件所需要的运动。它是并联机器人机构与机床结合的产物，是空间机构学、机械制造、数控技术、计算机软硬技术和 CAD/CAM 技术高度结合的高科技产品。

并联运动机床是以空间并联机构为基础，充分利用计算机数字控制的潜力，以软件取代部分硬件，以电气装置和电子器件取代部分机械传动，使将近两个世纪以来以笛卡儿坐标直线位移为基础的机床结构和运动学原理发生了根本变化。它克服了传统机床串联机构刀具只能沿固定导轨进给、刀具作业自由度偏低、设备加工灵活性和机动性不够等固有的缺陷；可实现多坐标联动数控加工、装配和测量多种功能，更能满足复杂特种零件的加工。

1994 年 9 月在美国芝加哥国际制造技术展览会上，美国 Giddings & Lewis 公司首次展出如图 2-1 所示的 Variax 型并联运动学机床，1996 年，美国 Ingersoll 推出了 VOH1000 立式加工中心（图 2-2）和 HOH600 型卧式加工中心（图 2-3），它们在结构上得到了较大的改

图 2-1　Variax 型加工中心

图 2-2　VOH1000 立式加工中心

进，从"内铣"改为"外铣"。并联运动机床被誉为是"21世纪的机床"，成为机床家族中最有生命力的新成员。

图 2-3 HOH600 型卧式加工中心

2.1.1 并联运动机床结构与组成

2.1.1.1 并联运动机床的结构

传统机床布局的基本特点是以机床、立柱、横梁等作为支撑部件，主轴部件和工作台的滑板沿支撑部件上的直线导轨运动，按照 X、Y、Z 坐标运动叠加的串联运动学原理，形成刀头点的加工表面轨迹。机床可看成是一个由基座到床身、滑座、立柱、主轴箱逐级串联的空间串联机构，如图 2-4 所示。

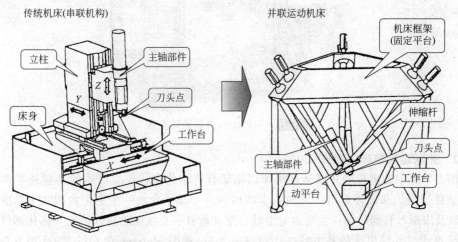

图 2-4 传统的串联机床与并联运动机床的比较

理论上串联机构具有工作范围大、灵活性好等特点，但精度低、刚性差，其中横梁、立柱等部件往往承受弯曲载荷，而弯曲载荷一般要比拉压载荷造成更大的应力和变形。作为机床，为提高精度和刚性，不得不将床身、导轨等制造得宽大厚实，由此导致了活动范围和灵活性能的下降。另外，当机床运动自由度增多时，需要增加相应的串联运动链，从而使机床的机械结构变得十分复杂。

为了解决上述矛盾，在 20 世纪 80 年代后，一大批学者开始致力于并联机构的研究，提出了并联机床的概念。在并联机床上看不到传统的床身、导轨、立柱和横梁等构件，它的基本结构是一种空间并联连杆机构。人们把这种机构称为 Stewart 平台，即由六根可伸缩杆和动平台构成，可实现较高的动态特性，见图 2-5，但其工作范围小。为解决这一问题，研究者把并联机构与串联机构结合起来，取得高动态性能和大的工作空间，其典型代表是瑞典的 NOUSE 公司的 Tricepts 机床，见图 2-6。

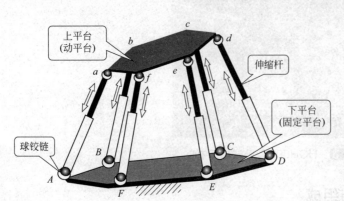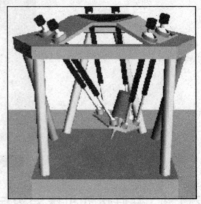

图 2-5 Stewart 平台工作原理图

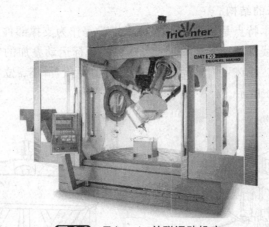

图 2-6 Tricepts 并联运动机床

2.1.1.2 并联运动机床的组成

如图 2-7 所示的虚拟轴并联运动机床以桁架杆系结构取代传统机床的悬臂梁和两支点梁结构来承受切削力和部件重力。它的基本结构为一个动平台、一个定平台和六个长度可变的连杆，以及滚珠丝杠螺母副。主要由电主轴、滚珠丝杠、直线电动机等机电一体化部件组成。

传统机床与并联机床的基本特性比较见表 2-1，德国 Metrom 公司的 P800 型五杆并联机床见图 2-8。

表 2-1 传统机床与并联机床的基本特性比较

基本特性	传统机床	并联机床
传动路线	工作台（工件）—床身导轨—主轴箱—主轴（刀具），机床结构在由床身到末端执行器（刀具）的整个传动过程表现为串联的非对称 C 型串联	工作台（工件）—床身—多条伸缩轴—动平台（刀具），机床结构在由床身到末端执行器（刀具）的整个传动过程表现为并联
坐标系	理论上的笛卡儿坐标系可以和实际的轴对应；计算时一般不需要复杂的坐标变换	理论上的坐标系在实际机床上没有对应，表现为虚拟轴；计算时必须进行复杂的坐标变换

基本特性	传统机床	并联机床
刚度/质量比	低	高
响应速度	慢	快
振动响应频率谱	窄,不同工作位姿(即位置和姿态)振动响应频率变化不大	宽,不同工作位姿振动响应频率变化较大
运动耦合	只有少量耦合	紧密耦合且非线性
工作空间奇异点	没有	有
误差传递	传动链误差串联累积	各支链自身误差串联累积,整体为各支链的误差的并联累积
运动学标定	已经非常成熟,较为简单	科研成果较少,比较复杂
控制系统	简单,各轴可分别控制,笛卡儿坐标位置和速度的检测以及反馈较为简单,开环、闭环控制都相对简单	复杂,只能作为一个完整系统加以控制,开环控制简单,实时闭环控制相对困难
工件可接近性	比较好	卧式较好,立式比较差
工作空间/机床体积比	比较大	比较小
制造和成本	机械结构复杂,技术附加值较低	机械结构简单,技术附加值高

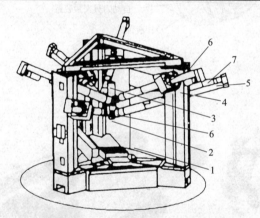

图 2-7　并联运动机床的组成原理图

1—工作台；2—刀具；3—主轴部件；4—框架；5—杆件；6—关节；7—电机

图 2-8　德国 Metrom 公司的 P800 型五杆并联机床

（1）主轴部件

主轴是直接体现机床性能的关键部件。并联运动机床大多数采用内装变频电动机的主轴部件。它是一种机电一体化的功能部件，其电动机转子与主轴是一体的，无需任何机械连接。主轴转速的调节采用变频调速，改变电动机的供电频率即可实现主轴转速的调节。这种模块化、系统化的功能部件称为电主轴。并联运动机床多数采用内装变频电动机的电主轴，见图 2-9。主轴部件见图 2-10。

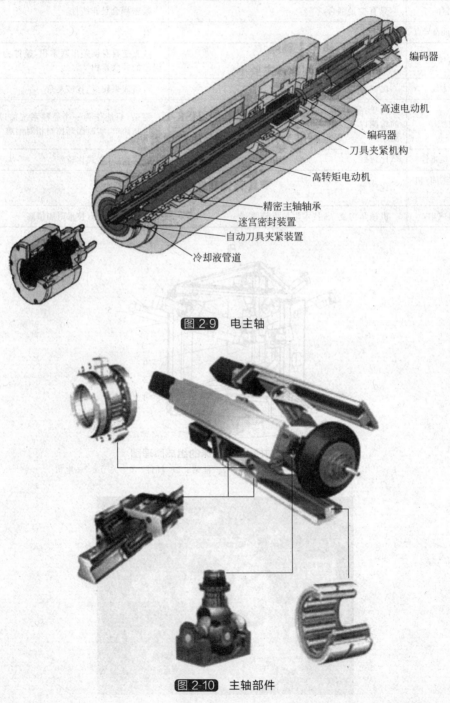

编码器
高速电动机
编码器
刀具夹紧机构
高转矩电动机
精密主轴轴承
迷宫密封装置
自动刀具夹紧装置
冷却液管道

图 2-9 电主轴

图 2-10 主轴部件

图 2-11 为 IBAG 公司生产的主轴系统。主轴系统主要包括电主轴及安装调整板、可编程控制器和主轴驱动装置、主轴冷却系统和润滑系统、刀具夹紧液压系统等。

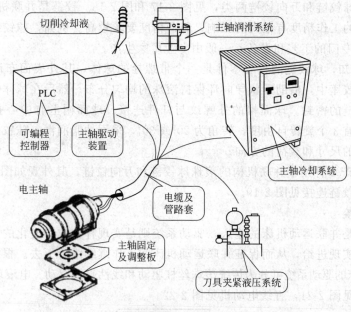

图 2-11　主轴系统

(2) 杆件和铰链

① 杆件　并联机构是由杆件、铰链、固定平台和动平台四部分组成的。因此，杆件和铰链是实现并联运动机床所需运动的主要机械构件，对机床的工作精度和刚度有很大的影响。

杆件是并联机构的运动输入构件。杆件的物理结构包括机械构件、电气元件、液压部件以及它们的组合，可分为固定杆长和可变杆长两大类。可变杆长的并联机构，杆件的基点固定，杆件的工作长度可变；固定杆长的并联机构，杆件的长度固定不变，杆件的基点位置可以变化。从运动学的角度来看，杆件是具有一定刚度的刚体，杆件长度的变化或杆件基点的移动决定了动平台（主轴部件）的运动速度、加速度、位置和姿态。杆件的驱动方式有回转驱动和直线驱动两类，见图 2-12。在并联运动机床中，由滚珠丝杠构成的伸缩杆或由直线电动机驱动的杆件是目前应用最广泛的两种杆件。

图 2-13 是固定杆长杆件。杆件的两端安装有万向铰链，分别用于连接直线电动机滑板和主轴部件动平台。杆件由管材制成，通过螺纹与万向铰连接。

伸缩杆是以滚珠丝杠传动为基础组成的可伸缩（可变杆长）的杆件，见图 2-14。

由图 2-14 可见，通过有 4 排滚珠的双向锥度轴承将滚珠丝杠固定在杆件右端，滚珠螺母与伸缩管固定连接。由于伸缩套管外表面有轴向导向槽，当丝杠转动时，螺母只能带动伸缩套管做直线移动。这样就把滚珠丝杠的转动转换成两个套管的相对移动，形成一根可伸缩的杆件。

电磁伸缩杆将交流同步直线电动机的原理应用到伸缩杆上，在功能部件壳体内安放环状双相电动机绕组，中间是作为次级的伸缩杆，伸缩杆外部有环状的永久磁铁层，见图 2-15。

并联运动机床的伸缩杆组件如图 2-16 所示，杆由伺服电动机驱动。

② 铰链　是连接固定平台、动平台和杆件的构件，其功能是提供绕某一运动中心转动

以及传递实现运动所需的力。为达到这一目的，铰链应该具有 2～3 个旋转自由度，并在所有旋转位置时，转动轴线都能够通过铰链的同一中心点。

铰链可分为球铰链和万向铰链两类，见图 2-17 和图 2-18。铰链是并联机构的活动关节，对并联运动机床的工作精度有很大的影响，制造精度要求较高。例如，球铰链的球体尺寸误差为 1μm，需要专门的工艺和设备，一般由专业厂家生产。

由图 2-17 可知，球铰链的核心零件是一个带螺栓的球体，其外表面布满小滚珠，再装在 2 个半球状的铰座中，借助片状导向环保持滚珠的均匀分布。然后在球体螺栓上禁锢球面帽，以保证球铰链的密封。球面帽的外螺纹与杆件连接。球面帽上有中心孔，用于中心定位。该球铰链具有 3 个旋转自由度，转角为 20°或 30°，采用油脂润滑。球铰链的最大载荷能力取决于球铰链的尺寸和载荷的方向。

INA 公司生产多种用于并联机构的滚珠球铰链和万向铰链，其外观如图 2-18 所示。

杆件和万向铰链连接见图 2-19。

（3）驱动系统

杆件的位移是并联运动机床的输入，驱动系统则是实现杆件位移变化的主要部件。通过驱动系统，可以实现进给，从而保证并联运动机床的工作继续维持下去。根据驱动方式的不同，并联运动机床的驱动系统可分为传统滚珠丝杠驱动和线性直线驱动。电滚珠丝杠见图 2-20，滚珠丝杠的结构见图 2-21，直线电动机见图 2-22。

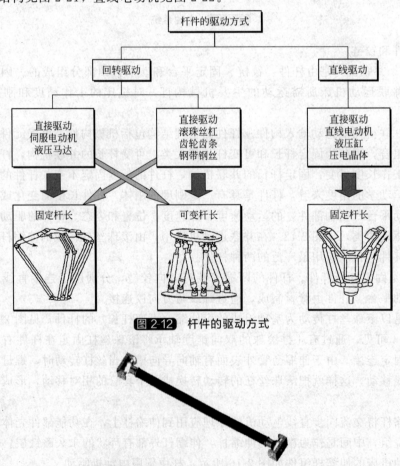

图 2-12　杆件的驱动方式

图 2-13　带万向铰链的杆件（固定杆长）

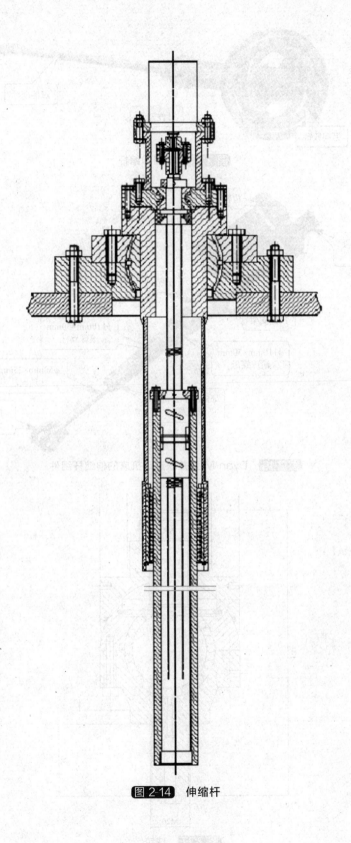

图 2-14　伸缩杆

万向铰链　杆件外壳　磁伸缩杆

图 2-15　电磁伸缩杆

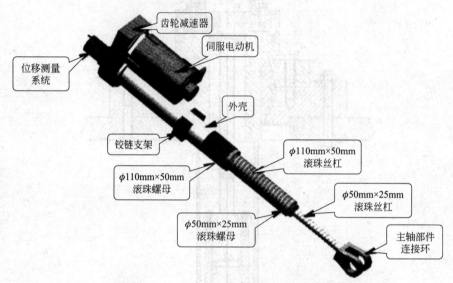

齿轮减速器
伺服电动机
位移测量系统
外壳
铰链支架
$\phi110mm\times50mm$ 滚珠丝杠
$\phi110mm\times50mm$ 滚珠螺母
$\phi50mm\times25mm$ 滚珠丝杠
$\phi50mm\times25mm$ 滚珠螺母
主轴部件连接环

图 2-16　Dyan-M 型并联运动机床的伸缩杆组件

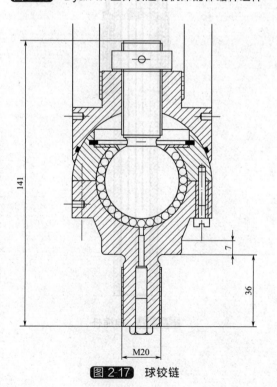

图 2-17　球铰链

导向环

球铰链座

球铰链体

球面帽

摆动块

摆动杆

底座

图 2-18 INA 公司生产的球铰链和万向铰链

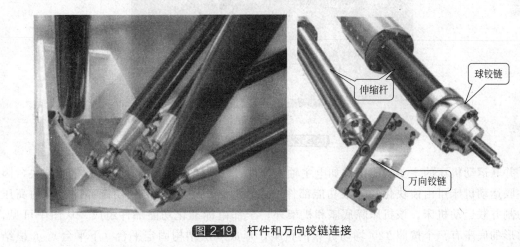

伸缩杆

球铰链

万向铰链

图 2-19 杆件和万向铰链连接

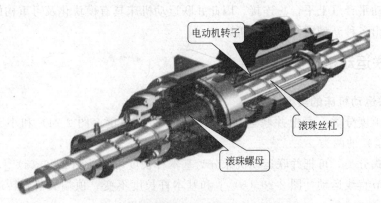

电动机转子

滚珠丝杠

滚珠螺母

图 2-20 电滚珠丝杠

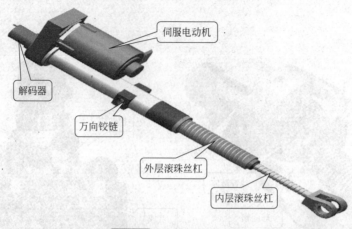

图 2-21 滚珠丝杠的结构

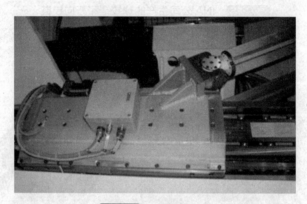

图 2-22 直线电动机

　　并联运动机床的主要功能部件如电主轴、杆件、铰链等都有标准化、系列化的模块，因此并联运动机床可由模块化的标准功能部件组成。图 2-23 为由标准化功能部件组成的高压水切割并联运动机床。该机床除底座和机架外，全部由标准化功能部件组成。从图中可见，三角形的底座有三个按照 120°均匀分布的机架，形成双层结构固定平台（下平台）。6 根结构相同的伸缩杆，由伺服电动机驱动。其外壳通过 2 自由度的十字框形铰链，按等分布置固定在机床的底座和机架上。伸缩杆与垂直方向成 45°分布。6 根伸缩杆的另一端通过万向铰链与并联机构动平台（上平台）连接。因此并联运动机床具有模块化及可重构的优点，可以在短期内开发出各种新型的并联运动机床。

2.1.2 并联运动机床类型和特点

2.1.2.1 并联运动机床的类型

　　按空间自由度分类，可把并联运动机床分为 6 个自由度（图 2-24）和小于 6 个自由度（如图 2-25 所示）的两类。

　　按驱动方式分类，可把并联运动机床分为基本杆长度可变 [图 2-26 (a)]，基本杆长度不变、顶端关节直线运动 [图 2-26 (b)] 和基本杆长度不变、顶端关节旋转运动 [图 2-26 (c)] 三种类型。

　　按连接方式分类，可将并联运动机床分为并联（工件固定不动，见图 2-24）、混联（见

图 2-27）和串并联（见图 2-28）三种类型。

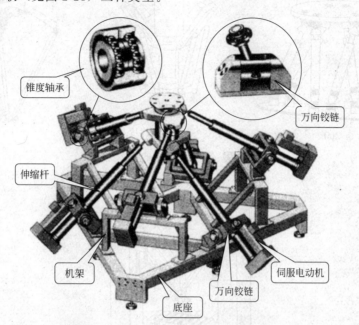

锥度轴承

万向铰链

伸缩杆

机架

底座

万向铰链

伺服电动机

图 2-23　由标准化功能部件组成的并联运动机床

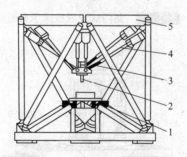

图 2-24　VAMTIY 原理样机示意图

1—工作台；2—刀具；3—主轴；4—变长度杆；5—框架

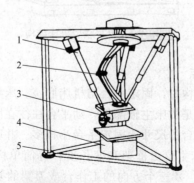

图 2-25　三足并联机床示意图

1—驱动杆；2—平动机构；3—砂轮；4—工作台；5—框架

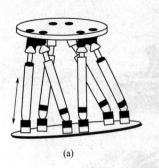
(a)

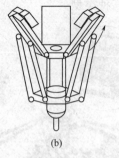
(b)

(c)

图 2-26 连接动平台的基本结构

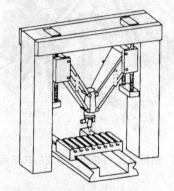

图 2-27 龙门式混联机床示意图

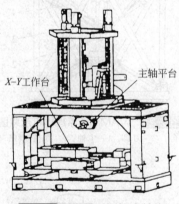

X-Y工作台　主轴平台

图 2-28 串并联型机床结构

2.1.2.2 并联运动机床的特点

在并联运动机床的并联机构中，固定平台与机床底座、床身或框架是一体的；在绝大多数的情况下，动平台的执行器是机床主轴部件，动平台往往在固定平台的下方；表示动平台位姿的参考点是刀头点；动平台的尺寸比固定平台小得多。并联运动机床具有以下特点。

① 价格低　并联运动机床主要由框架和变长度杆等简单构件组成，对于复杂的曲面加工，不需要普通机床的 X、Y、Z 三个方向的工作台或刀架的复合运动，只要控制六杆长度即可。机床用较为复杂的控制换取了结构的最大简化。

机床机械零部件数目较串联构造平台大幅减少，主要由滚珠丝杠、虎克铰、球铰、伺服电动机等通用组件组成，这些通用组件可由专门厂家生产，因而机床的制造和库存成本比相同功能的传统机床低得多，容易组装和搬运。

② 结构刚度高　传统机床因结构不对称，而使机床受热受力不均匀。并联运动机床呈对称的框架结构，刚度高、稳定性好，具有承载重量比高的优点。由于采用了封闭性的结构，其结构负荷流线短，而负荷分解的拉、压力由六只连杆同时承受，故其拥有高刚性。其刚度重量比高于传统的数控机床。

③ 加工速度高、惯性低　如果结构所承受的力会改变方向（介于张力与压力之间），两力构件将会是最节省材料的结构，而它的移动件重量减至最低且同时由六个致动器驱动，因此机器很容易实现较高的加工速度，且拥有低惯性。

④ 加工精度高　由于其为多轴并联机构，六个可伸缩杆杆长都单独对刀具的位置和姿态起作用，因而不存在传统机床（即串联机床）的几何误差累积和放大的现象，甚至还有平均化效果，其拥有热对称性结构设计，因此热变形较小，故它具有高精度的优点。

⑤ 多功能灵活性强　由于该机床机构简单、控制方便，较容易根据加工对象而将其设计成专用机床，同时也可以将之开发成通用机床，用以实现铣削、镗削、磨削等加工，还可以配备必要的测量工具组成测量机，以实现机床的多功能。这将会带来很大的应用和市场前景，在国防和民用方面都有着十分广阔的应用前景。

⑥ 使用寿命长　由于受力结构合理，运动部件磨损小，且没有导轨，不存在铁屑或冷却液进入导轨内部而导致其划伤、磨损或锈蚀现象。

⑦ Stewart 平台适合于模块化生产　对于不同的机器加工范围，只需改变连杆长度和接点位置，维护也容易，不需要进行机件的再制和调整，只需将新的机构参数输入。

2.1.2.3　典型并联运动机床产品

（1）DCB510 五轴联动并联机床

DCB510 是大连机床集团开发设计的一种串并联型五轴联动数控机床，见图 2-29，机床数控软件由清华大学负责设计，其主要技术参数见表 2-2。具有如下结构特点。

图 2-29　DCB510 五轴联动并联机床

① X、Y、Z 三坐标由滑板连杆式三个虚轴并联而成，A 轴、C 轴为实轴。由于采用了串、并联结构，机床既有并联机床刚性好、移动部件轻、速度快、加速度高大的特点，同时又有各坐标工作范围大的特点，其 X、Y、Z 坐标分别为 630mm、630mm、500mm 行程，A 轴可达 140°，C 轴可以超过 360°。

② 机床刚性好，整体性好。

③ 由于具有五轴联动功能，因此可以加工复杂型面，如叶轮、模具等。采用开放式多轴联动数控系统易于实现 CAD/CAM。

表 2-2 主要技术参数

项目	参数
X 轴坐标/mm	630
Y 轴坐标/mm	630
Z 轴坐标/mm	500
刀具接杆-HSK 空心锥柄	HSK-F63
主轴前轴承内径/mm	$\phi 55$
主轴电机功率/kW	18
主轴额定转矩(连续工作)/N·m	14
主轴转速范围/(r/min)	100~20000
主轴恒转矩输出时转速/(r/min)	1200
工作台台面尺寸/mm	$\phi 1200$
工作台承载能力/kg	1600
Z 轴最大进给力/N	4000
X、Y、Z 三轴快进速度/(m/min)	80
X、Y、Z 三轴工进速度/(mm/min)	60
X、Y、Z 三轴快进加速度/(m/s²)	20
X、Y、Z 三轴定位精度/mm	±0.012
X、Y、Z 三轴重复定位精度/mm	±0.006
A 轴最大转角/(°)	140
A 轴最大转速/(r/min)	25
C 轴最大转角/(°)	450
C 轴最大转速/(r/min)	25
机床总功率/kW	30
机床轮廓尺寸(长×宽×高)/mm	4135×2170×3150
机床总重量/kg	100000

(2) 数控龙门虚拟轴四轴联动机床

图 2-30 是江东机床厂与清华大学共同研制的并联与串联混合结构的数控龙门虚拟四轴联动机床。其结构特点如下。

① 该机床将 X 纵向定于龙门式框架结构的工作台上，简化了虚拟轴铣床铣头的多维运动，并扩大了加工工作范围。

② 在 Y 向与 Z 向，采用二力杆支撑虚拟臂结构，两个立柱上分别设计有滑板，虚拟臂则安装于各自相应的滑板上，两个虚拟臂之间通过高精度回转轴相互连接。

③ 机床电主轴固定在回转轴端面上，摆杆通过伸缩杆的伸长与缩短，可使铣头做 Y-Z 平面内的回转。

④ 该机床可使刀具相对工件具有 X、Y、Z、A 四个自由度，实现四轴联动，其中 Y、Z、A 为虚轴。

(3) 加工汽轮机叶片的并联运动机床

图 2-31 是哈尔滨工业大学研制的用于加工汽轮机叶片的商品化的新一代并联运动机床。

该机床的结构特点是采用典型的 Stewart 平台，上平台固定在机床的龙门框架上，以提高机床的刚度。通过由伺服电动机驱动滚珠丝杠的 6 个伸缩杆，带动固定在动平台上的主轴部件，实现主轴在工作空间 6 个自由度的运动。

图 2-30　数控龙门并联运动机床

图 2-31　加工汽轮机叶片的并联运动机床

（4）德国 INDEX V100 型并联车削中心

图 2-32 所示的德国 INDEX V100 型并联车削中心床身以及主轴单元完全是热对称设计。双连杆柔性机械臂的刚性要比传统的交叉滑板高出很多。通过这个特性明显地改善了表面质量和公差，特别是在硬态车削时。该机床可以在加工空间自由移动的 Pick-up 主轴带着工件完成所有的运行——不仅用于工件更换加工，而且可以用于更换工件。在 3 维空间运行既简单又快速。双连杆柔性机械臂的设计在每个 V100 都要配有 Y 轴。

该机床通过 3 维空间的运动可以简单地更换工件，从而进行快速和费用较低的加工。它集成的所有加工工艺能力包括：车削、铣削、激光淬火、激光焊接、磨削、研磨和装配。为优化工件的流通提供所有的前提条件。8～12 个刀具夹具在一个柔性的、可定位的面板上。只需要极短的辅助时间，通过一个新的并联运动方案，就可以达到 1 倍的重力加速度和最高快移速度 60m/min。

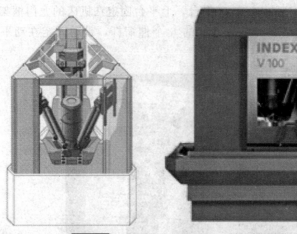

图 2-32 德国 INDEX V100 型并联车削中心

结构特点如下。

① 3 根立柱固定在机床底座上,顶端由多边形框架连接。每根立柱上有导轨,滑板在滚珠丝杠驱动下沿导轨移动,通过 6 根固定杆长的杆件将主轴部件吊起,使主轴实现 3 个直角坐标的移动。

② 在机床前方的垂直台面上,可以安装 8~12 把固定刀具或旋转刀具,除完成车削加工外,还可以进行铣削、激光硬化、激光焊接、磨削等工序。

③ 主轴除完成加工任务外,还同时承担工件的装卸。

主要技术参数见表 2-3。

表 2-3 主要技术参数

项 目	参 数
最大转速/(r/min)	10000
电机功率(100% DC)/kW	10.5
电机转矩(100% DC)/N·m	50
最大卡盘直径/mm	130
加工空间 X/Y/Z/mm	280×280×145
刀柄(DIN 69880-25 / 69880-30)	max. 16
长×宽×高/mm	1700×3000×2400

(5) 数控镗铣并联运动机床

图 2-33 所示的 XNZ63 型并联机床是清华大学和昆明机床股份有限公司联合研制的,采用 Gough-Stewart 平台结构,可 6 个自由度联动,上下平台均分层,有效地降低了各支链干涉的可能。在设计和构建过程中,采用了最先进的设计理论和一流的控制设备。该机床在整个作业空间中,刀具摆角均达到 ±25°,加工精度为 ±0.02mm,最大速度可达 15m/min,主轴功率 10kW,最大转速 20000r/min。

2.1.3 并联运动机床数控系统

为了实现对刀具的高速、高精度轨迹控制,并联机床数控系统需要高性能的控制硬件和软件。系统软件通常包括用户界面、数据预处理、插补计算、虚实变换、PLC 控制、安全

图 2-33　数控镗铣并联运动机床

保障等模块，并需要简单、可靠、可进行底层访问，且可完成多任务实时调度的操作系统。

实时插补计算是实现刀具高速、高精度轨迹控制的关键技术。在以工业 PC 和开放式多轴运控板为核心搭建的并联机床数控系统中，常用且易行的插补算法是，根据精度要求在操作空间中离散刀具轨迹，并根据硬件所提供的插补采样频率，按时间轴对离散点作粗插补，然后通过虚实变换将数据转化到关节空间，再送入控制器进行精插补。注意在操作空间中两离散点间即便是简单的直线匀速运动，也将被转化为关节空间中各轴相应两离散点间的变速运动，因此若仍使关节空间中各轴两离散点间做匀速运动，则将在操作空间中合成复杂的曲线轨迹。为此，必须对离散点密化以创成高速、高精度的刀具轨迹。这不仅需要大幅度提高控制器的插补速率，而且需要有效地处理速度过渡问题。

2.1.3.1　开放式数控系统

传统的 CNC 系统是一种专用的封闭体系结构的数控系统。尽管也可以由用户设计人机界面，但数控系统的开发始终属于数控系统生产厂商独立的商业行为，在很大程度上严格保密，从而导致数控系统无法应用最新的计算机软硬件技术，因此严重影响数控技术的发展、进步和普及。

开放式数控系统的概念正是据此而生，特别是随着计算机技术的飞跃发展，开放性 CNC 系统也越来越受到瞩目。开放的目的就是使 NC 控制器与当今的 PC 机类似，系统构筑于一个统一的、开放的平台上，具有模块化组织结构，允许用户根据需要进行选配和集成、更改或扩展系统的功能，以便迅速适应不同的应用需求。因此开放式数控系统应具有互操作性、可伸缩性、可移植性、互换性和可扩展性等系统特性。

目前所有的并联机床的数控系统均采用开放式的数控系统体系结构。这是因为：第一，并联机床与传统机床在运动传递原理上有本质的区别，并联机床动平台在笛卡儿空间中的运动是关节空间伺服运动的非线性映射。因此，在进行运动控制时，必须通过位置逆解模型，将事先给定的刀具位姿及速度信息变换为伺服系统的控制指令，并驱动并联机构实现刀具的期望运动。由于构型和尺度参数不同，导致不同并联机床虚实映射的结构和参数不尽相同，因此采用开放式体系结构建造数控系统是提高系统适用性的理想途径。第二，由于并联机床的数控系统结构及诸多算法尚处于试验和探索阶段，采用开放式数控系统结构可以增添系统的模块化和可重构性，降低再次开发的困难。

2.1.3.2 并联机床数控系统的硬件结构

根据并联机床开放式数控系统的要求，目前并联运动机床数控系统的硬件结构主要有以下几种方式。

（1）PC 嵌入 NC 结构的开放式数控系统

这种数控系统通常由厂家选用通用 PC 的功能部件，将其集成到 CNC 中，PC 与 CNC 之间采用专用的总线进行快速数据传输。这种数控系统的制造商不愿意放弃多年来积累的数控软件技术，又想利用计算机丰富的软件资源，由此而开发了这种数控产品。这种数控系统尽管具有一定的开放性，但由于它的 NC 部分仍然是传统的数控系统，其体系结构还是不开放的，因此，用户无法接入数控系统的核心。

（2）PC＋运动控制器（NC 内藏式 PC 数控系统）

这是目前采用最多的一种硬件结构形式，这种结构形式采用"PC＋运动控制器"形式建造数控系统的硬件平台，其中以工业 PC 为主控计算机，组件采用商用标准化模块，总线采用 PC 总线形式，同时以多轴运动控制器作为系统从机，进而构成主从分布式的结构体系。运动控制器通常以 PC 硬件插件的形式构成系统，完成机床运动控制、逻辑控制等功能。

PC 作为系统的主处理器，主要完成系统管理、运动学计算等任务。采用这种形式可充分利用 PC 机的系统软件和数据处理能力，使得系统具有良好的可移植性、可扩展性、互操作性。

（3）全软件式数控系统

随着计算机技术的飞速发展，特别是计算机处理器性能的日新月异和操作系统技术的不断进步，使得以硬件方式出现的运动控制器部件可以完全用应用软件的方式来实现，直接与机床伺服器相连接，完成位置控制、速度控制甚至转矩控制。这种"硬件功能全软件化"不仅不会导致任何系统性能的损失，而且软件实现的灵活性和硬件平台无关性将有利于系统实现更深入的开放性和系统性能的快速增长。

全软件式数控系统把运动控制器以应用软件的形式实现，除了支持数控上层软件的用户定制外，其更深入的开放性还体现在支持运动控制策略的用户定制。外围连接主要采用计算机的相关总线标准，这类系统已完全是通用计算机主流操作系统上的标准应用。同时，全软件数控系统更加向计算机技术靠拢，并力图使数控技术成为先进制造上层应用的标准的设备驱动代理。

数控系统的主要功能部件均表现为应用软件的形式，这是实现形式上的一种技术变革，这种变革使得系统更方便、更广泛地应用计算机技术的先进成果，简化系统实现难度，缩短研发周期，有助于技术创新，增强了系统的伸缩性和可调节性，从而使其体系结构实现高度开放性成为可能。全软件系统是目前和今后一段时间内发展的重点方向。

2.1.3.3 并联机床数控系统的软件结构

并联运动机床数控系统兼具传统数控机床与并联机器人的特点，这个特点主要体现在数控软件上。并联运动机床硬件结构简单，但软件部分复杂，其软件计算量要远多于传统机床，开发一套完善的数控软件是并联运动机床实用化的关键。而数控系统的模块化是软件开放性的关键，也是数控系统向用户化、个性化发展的关键。

根据模块化的设计思想，以及并联运动机床数控系统的特殊要求，数控系统的基本模块的划分如图 2-34 所示。

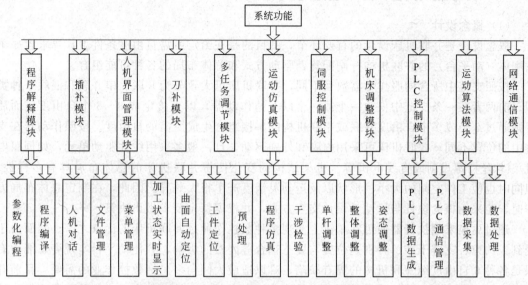

图 2-34　并联运动机床数控系统基本功能模块

① 程序解释模块主要用于对输入的加工信息进行预处理。

② 运动仿真模块是对数控系统和数控加工在更高层次上的抽象，它可以在虚拟环境中进行机床运动和切削加工。由于并联运动机床的刀具运动与伺服轴运动存在非线性映射关系，为了更直观和清晰地了解并联机构和刀具的运动情况，需要在并联机床数控系统中开发运动仿真模块，用于完成干涉校验、刀具轨迹仿真、加工等功能。

③ 人机界面管理模块用于给用户提供所需要处理的信息，如操作面板的显示、数控程序代码和坐标定义等。

④ 刀补模块实现对输入的轨迹信息进行刀补计算。

⑤ PLC 控制模块用于控制机床的逻辑运动顺序，并对系统中的开关量进行控制。

⑥ 插补模块用于在加工信息解释的基础上，调用运动学算法模块，将动平台在操作空间的运动转变为关节空间的伺服运动，实时生成刀具的运动轨迹，并将各伺服轴的移动指令送给伺服控制模块。

⑦ 伺服控制模块用于将插补运算的结果实时地发送给轴控制器，并由轴控制器完成对各伺服轴的高精度位置控制。

⑧ 运动算法模块是并联机构数控系统的特有模块，用于为伺服驱动提供逆解、速度映射算法，为加工状态的实时仿真及精度补偿提供正解算法；由于并联机床与传统机床的结构完全不同，它是由几根并联的杆来支撑动平台和静平台的，因此其调整也与传统机床的调整完全不同，故并联机床具有机床调整模块。

⑨ 多任务调节模块用于监控各任务的状态，决定任务获得 CPU 的优先权，并根据任务的调度策略改变任务的状态，或让其运行，或让其挂起等待。

⑩ 网络通信模块可以实现 CNC 与伺服装置之间的通信联系、与上一级计算机间的通信联络，以及与不同车间现场设备和通过互联网进行通信的网络互联。

除了以上这些主要模块以外，在有些并联机床数控系统中还设计运动控制和监控模块、自动运行模块、手动测量模块、测量模块、程序设计模块、刀库控制模块等。

2.1.4　并联运动机床设计理论与关键技术

（1）概念设计

概念设计是并联机床设计的首要环节，其目的是在给定所需自由度条件下，寻求含一个主刚体（动平台）的并联机构杆副配置、驱动方式和总体布局的各种可能组合。

按照支链中所含伺服作动器数目不同，并联机床可大致分为并联、串并联和混联3种类型。前两者在一条支链中仅含一个或一个以上的作动器，以直接生成3～6个自由度；而后者则通过2个或多个自由度并联或串联机构的串接组合生成所需的自由度。按照作动器在支链中的位置不同，并联机床可采用内副和外副驱动，且一般多采用线性驱动单元，如伺服电机-滚珠丝杠螺母副或直线电机等。机架结构的变化使得并联机床的总体布局具有多样性，但同时也使工作空间的大小、形状以及运动灵活度产生很大差异。因此，在制定总体布局方案时，应采用概念设计与运动学设计交互方式，并根据特定要求做出决策。

通过更换末端执行器便可在单机上实现多种数控作业是并联机床的优点之一。然而由于受到铰约束、支链干涉、特别是位置与姿态耦合等因素的影响，致使动平台实现姿态能力有限是各种6自由度纯并联机构的固有缺陷，难以适应大倾角多坐标数控作业的需要。目前并联机床一个重要的发展趋势是采用混联机构分别实现平动和转动自由度。这种配置不但可使平动与转动控制解耦，而且具有工作空间大和可重组性强等优点。特别是由于位置正解存在解析解答，故为数控编程和误差补偿提供了极大的方便。应该强调，传统机床的发展已有数百年历史，任何希望从纯机构学角度创新而试图完全摒弃传统机床结构布局与制造工艺合理部分的设想都是有失偏颇的。

（2）运动学设计

并联机床运动学设计包括工作空间定义与描述，以及工作空间分析与综合两大内容。合理地定义工作空间是并联机床运动学设计的首要环节。与传统机床不同，并联机床的工作空间是各支链工作子空间的交集，一般是由多张空间曲面片围成的，是闭合的。为了适合多坐标数控作业的需要，通常将灵活（巧）度工作空间的规则内接几何形体定义为机床的编程工作空间。对于纯6自由度并联机床，动平台实现位置和姿态的能力是相互耦合的，即随着姿态的增加，工作空间逐渐缩小。因此，为了实现动平台实现位姿能力的可视化，往往还需用位置空间或姿态空间进行降维描述。

工作空间分析与综合是并联机床运动学设计的核心内容。广义地讲，工作空间分析涉及在已知尺度参数和主动关节变量变化范围条件下，评价动平台实现位姿的能力；尺度综合则是以在编程空间内实现预先给定的位姿能力并使得操作性能最优为目标，确定主动关节变量的变化范围和尺度参数。

工作空间分析可借助数值法或解析法。前者的核心算法为，根据工作空间边界必为约束起作用边界的性质，利用位置逆解和K-T条件搜索边界点集。后者的基本思路是，将并联机构拆解成若干单开链，利用曲面包络论求解各单开链子空间边界，再利用曲面求交技术得到整体工作空间边界。

尺度综合是实现并联机床运动学设计的最终目标，原则上需要兼顾动平台实现位姿的能力、运动灵活度、支链干涉等多种因素。针对6自由度并联机床，目前可以利用的尺度综合方法可以分为：基于各向同性条件的尺度综合，兼顾各向同性条件和动平台姿态能力的尺度综合，以及基于总体灵活度指标的加权综合3种方法。第1种方法因仅依赖满足各向同性条件时的尺度参数关系，故存在无穷多组解答。第2种方法针对动平台在给定工作空间中实现预定姿态能力的需要，通过施加适当约束，可有效地解决多解问题。第 3 种方法较为通用，通常以雅可比矩阵条件数关于工作空间的一次矩最小为目标，将尺度综合问题归结为一类泛函极值问题。应注意，第 2 种方法仅适用某些并联机构（如 Stewart 平台）；而第 3 种方法除计算效率低外，还不能兼顾动平台实现姿态的能力。因此，针对不同类型的并联机床，研究兼顾多种性能指标的高效尺度综合方法是一项极有意义的工作。

（3）动力学问题

刚体动力学逆问题是并联机床动力分析、整机动态设计和控制器参数整定的理论基础。这类问题可归结为已知动平台的运动规律，求解铰内力和驱动力。相应的建模方法可采用几乎所有可以利用的力学原理，如牛顿-尤拉法、拉格朗日方程、虚功原理、凯恩方程等。由于极易由雅可比和海赛矩阵建立操作空间与关节空间速度和加速度的映射关系，并据此构造各运动构件的广义速度和广义惯性力，因此有理由认为，虚功（率）原理是首选的建模方法。

动态性能是影响并联机床加工效率和加工精度的重要指标。并联机器人的动力性能评价完全可以沿用串联机器人的相应成果，即可用动态条件数、动态最小奇异值和动态可操作性椭球半轴长几何均值作为指标。与机器人不同，金属切削机床动态特性的优劣主要是基于对结构抗振性和切削稳定性的考虑。动态设计目标一般可归结为，提高整机单位重量的静刚度；通过质量和刚度合理匹配使得低阶主导模态的振动能量均衡；以及有效地降低刀具与工件间相对动柔度的最大负实部，以期改善抵抗切削颤振的能力。由此可见，机器人与机床二者间动态性能评价指标是存在一定差异的。事实上，前者没有计及对结构支撑子系统动态特性的影响，以及对工作性能的特殊要求；而后者未考虑运动部件惯性及刚度随位形变化的时变性和非线性。因此，深入探讨并联机床这类机构与结构耦合的、具有非定长和非线性特征的复杂机械系统动力学建模和整机动态设计方法，将是一项极富挑战性的工作。这项工作对于指导控制器参数整定，改善系统的动态品质也是极为重要的。

（4）精度设计与运动学标定

精度问题是并联机床能否投入工业运行的关键。并联机床的自身误差可分为准静态误差和动态误差。前者主要包括由零部件制造与装配、铰链间隙、伺服控制、稳态切削载荷、热变形等引起的误差；后者主要表现为结构与系统的动特性与切削过程耦合所引起的振动产生的误差。机械误差是并联机床准静态误差的主要来源，包括零部件的制造与装配误差。目前，由于尚无有效的手段检测动平台位姿信息，因而无法实现全闭环控制条件下，通过精度设计与运动学标定改善机床的精度就显得格外重要。

精度设计是机床误差避免技术的重要内容，可概括为精度预估与精度综合两类互逆问题。精度预估的主要任务是，按照某一精度等级设定零部件的制造公差，根据闭链约束建立误差模型，并在统计意义下预估刀具在整个工作空间的位姿方差，最后通过灵敏度分析修改相关工艺参数，直至达到预期的精度指标。工程设计中，更具意义的工作是精度综合，即精度设计的逆问题。精度综合是指预先给定刀具在工作空间中的最大位姿允差（或体积误差），反求应分配给零部件的制造公差，并使它们达到某种意义下的均衡。精度综合一般可归结为一类以零部件的制造公差为设计变量，以其关于误差灵敏度矩阵的加权欧氏范数最大为目标，以及以公差在同一精度等级下达到均衡为约束的有约束二次线性规划问题。

运动学标定，又称为精度补偿或基于信息的精度创成，是提高并联机床精度的重要手段。运动学标定的基本原理是，利用闭链约束和误差可观性，构造实测信息与模型输出间的误差泛函，并用非线性最小二乘技术识别模型参数，再用识别结果修正控制器中的逆解模型参数，进而达到精度补偿的目的。高效准确的测量方法是实现运动学标定的首要前提。根据测量输出不同，通常可采用两类运动学标定方法：①利用内部观测器所获信息的自标定方法，其一般需要从从动铰上安装传感器（如在虎克铰上安装编码器）；②检测刀具位姿信息的外部标定方法，其原则上需要高精度检具和昂贵的五坐标检测装置。

（5）数控系统

从机床运动学的观点看，并联机床与传统机床的本质区别在于动平台在笛卡儿空间中的运动是关节空间伺服运动的非线性映射（又称虚实映射）。因此，在进行运动控制时，必须通过位置逆解模型，将事先给定的刀具位姿及速度信息变换为伺服系统的控制指令，并驱动并联机构实现刀具的期望运动。由于构型和尺度参数不同，导致不同并联机床虚实映射的结构和参数不尽相同，因此采用开放式体系结构建造数控系统是提高系统适用性的理想途径。

为了实现对刀具的高速高精度轨迹控制，并联机床数控系统需要高性能的控制硬件和软件。系统软件通常包括用户界面、数据预处理、插补计算、虚实变换、PLC 控制、安全保障等模块，并需要简单、可靠、可作底层访问，且可完成多任务实时调度的操作系统。

友好的用户界面是实现并联机床工业运行不可忽视的重要因素。由于操作者已习惯传统数控机床操作面板及有关术语和指令系统，故基于方便终端用户使用的考虑，在开发并联机床数控系统用户界面时，必须将其在传动原理方面的特点隐藏在系统内部，而使提供给用户或需要用户处理的信息尽可能与传统机床一致。这些信息通常包括操作面板的显示，数控程序代码和坐标定义等。

实时插补计算是实现刀具高速、高精度轨迹控制的关键技术。在以工业 PC 和开放式多轴运控板为核心搭建的并联机床数控系统中，常用且易行的插补算法是，根据精度要求在操作空间中离散刀具轨迹，并根据硬件所提供的插补采样频率，按时间轴对离散点作粗插补，然后通过虚实变换将数据转化到关节空间，再送入控制器进行精插补。注意到在操作空间中两离散点间即便是简单的直线匀速运动，也将被转化为关节空间中各轴相应两离散点间的变速运动，因此若仍使关节空间中各轴两离散点间作匀速运动，则将在操作空间中合成复杂的曲线轨迹。为此，必须对离散点密化以创成高速、高精度的刀具轨迹。这不仅需要大幅度提高控制器的插补速率，而且需要有效地处理速度过渡问题。

（6）关键基础件

关键基础件的专业化和系列化配套是建造高速高精度并联机床，实现产品的可重组和模块化设计，以及大幅度降低制造成本的物质保证。这项工作也是将并联机床推向市场的重要环节。并联机床所需的关键基础件包括功率体积比大的高速电主轴单元、高速高性能直线电机、精密丝杠导轨副、结构紧凑且可调隙的精密滚动球轴承和卡当铰，以及高精度光栅和激光测量定位系统等。目前，国外已有专业生产厂（如德国 INA 轴承公司）开发出不同系列的产品。

并联机床是机床家族中的一个新成员，目前还处于"襁褓"之中，尚有许多理论与技术问题有待攻克。并联机床是否具有生命力的关键在于能否回答潜在用户"有何理由能说服我购买并联机床而不是传统机床"这一问题。因此，紧紧把握新一代制造设备变革的契机，大力加强对并联机床的理论研究与工程实践，对促进这种新型数控装备早日产品化和产业化，尽快将高新技术转化为生产力具有重要的意义。这一工作将有赖于政府主管部门、机床生产企业和潜在用户的远见卓识，以及机床设计工作者与机器人机构学工作者的通力合作和不懈努力。

2.1.5　并联机床的发展趋势

（1）小型化、简单化

三轴并联机床的技术和理论问题基本上都已经解决。这种相对比较简单的并联机床已经成为并联机床发展最快的一个分支，并率先走向商品化，最先在工业现场得到广泛的应用。

（2）高速高效化

由于并联机床的主轴部件一般为电主轴单元，重量轻、体积小，再加上驱动主轴运动的并联进给机构所具有的高速度，非常有利于使刀具运动获得高速度和高加速度；另一方面，并联机床加工时，笨重的工件、夹具、工作台等都固定不动，而仅是主轴（刀具）相对于工件做高速多自由度运动，因此发挥好这一重要优势将使并联机床比传统结构机床更适合进行高速和超高速加工，从而有力推动新一代并联高速和超高速机床的发展。

（3）机床元件标准化

并联机床结构简化的最大特点是便于模块化和标准化，许多新型适用于并联机床的标准的模块元件的推出，为柔性制造系统的设备重组提供了良好的基础。当前，由于并联机床的规模化生产并没有很好地发展起来，机床元件的标准化正处于发展阶段，但必将随着并联机床的发展而发展起来。

（4）混联化

并联机床与传统的串联机床各有优缺点，将二者结合起来，克服缺点，发挥优点，故新型混联机床已经引起许多研究机构的注意，将成为并联机床最有潜力的发展分支之一。由于可移动杆构成了并联结构形式，但刀具与主轴箱以及动平台的连接则采用传统的串联形式，这样，取长补短，分别克服了纯串联机床和纯并联机床的缺点，得到了很好的应用。

（5）群组化

并联机床具有柔性化非常好的特点，利用当前网络化的发展，用多台并联机床组成大型柔性加工、测量、装配中心，使多台并联机床并行工作，或者使并联机床与串联机床并行联合工作，可以发挥出并联机床更大的柔性化特点。

2.1.6 并联运动机构的应用

现在，并联机构在运动模拟器（图2-35）、工业机器人（图2-36）、医用机器人（图2-37）、测量机（图2-38）、天文望远镜（图2-39）、机器人化机床（图2-40）、物流和装配系统（图2-41）和并联运动机床（图2-42）等方面有着广泛的应用。

图 2-35 运动模拟器

图 2-36　包装饼干的工业机器人

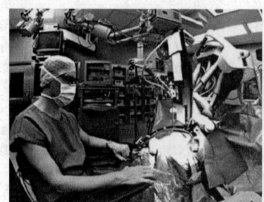

图 2-37　医用机器人

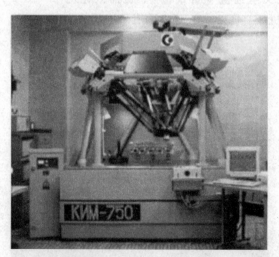

图 2-38　KNM-750 型测量机

图 2-39　天文望远镜

图 2-40　机器人化机床

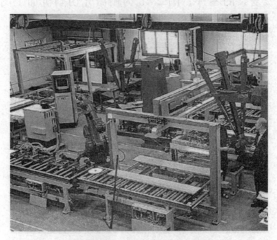

图 2-41　物流和装配系统

图 2-42　6X Hexa 型并联运动机床

2.2 激光切割机

　　激光切割机是光、机、电一体化高度集成设备，激光切割是激光加工行业中最重要的一项应用技术，它占整个激光加工业的 70％以上，近年来，激光切割技术发展很快，国际上每年都以 15％～20％的速度增长。与传统机加工相比，激光切割具有高速、高精度和高适应性的特点，由于是用不可见的光束代替了传统的机械刀，激光刀头的机械部分与工作无接触，在工作中不会对工作表面造成划伤；同时还具有割缝细（0.1～0.3mm）、热影响区小、切割面质量好、切割时无噪声、切割过程容易实现自动化控制等优点。利用数控编程，可加工任意的平面图，可以对幅面很大的整板切割，无需开模具，经济省时。目前激光切割已广泛地应用于汽车、机车车辆制造、航空、化工、轻工、电器与电子、石油和冶金等工业部门中。

　　激光切割的适用对象主要是难切割材料，如高强度、高韧性、高硬度、高脆性、磁性材料，以及精密细小和形状复杂的零件。图 2-43 为用激光切割机加工图。

图 2-43　用激光切割机加工

2.2.1 激光切割的基本原理

激光切割是利用高功率密度的激光束扫描过材料表面，在极短时间内将材料加热到几千至上万摄氏度，使材料熔化或汽化，再用高压气体将熔化或汽化物质从切缝中吹走，达到切割材料的目的。其加工原理如图 2-44 所示。

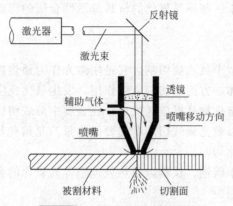

图 2-44 激光切割原理示意图

激光切割总的特点是高速度、高质量切割，其具体特征可概括为：

① 切缝窄（0.1～0.3mm），节省切割材料，还可以割盲缝；

② 切割速度快，热影响区域小，因而热变形程度低，板材变形小，切口光滑平整，一般无需后续加工；

③ 割缝边缘垂直度好，切边无机械应力，无剪切毛刺，也无切屑，切割石棉、玻璃纤维时尘埃极少；

④ 无刀具磨损，没有接触能量消耗，从而无需调整工艺参量；

⑤ 可方便地切割易碎、脆、软纤维织物，并能够层叠切割；

⑥ 光束无惯性，可实现高速切割，且任何方向都可同样切割，并可在任何处开始和停止切割；

⑦ 能实现多工位操作，容易实现数控自动化；

⑧ 切割噪声低。

由此可见，激光是一种高质量、快速切割的有效工具。其主要不足之处是切割深度有限和一次性投资较大。在常规方法不便切割的地方，激光切割就具有较大优越性。随着激光系统质量不断提高和激光加工系统价格逐渐降低，它将有更强的竞争力。

激光切割可分为激光汽化切割、激光熔化切割、激光氧气切割和激光划片与控制断裂四类。

（1）激光汽化切割

利用高能量密度的激光束加热工件，使温度迅速上升，在非常短的时间内达到材料的沸点的速度非常快，足以防止热传导形成的熔化，于是局部材料汽化，局部材料作为喷出物从切缝底部被辅佐气体流吹走。一些不能熔化的资料，如木材、炭素材料和某些塑料就是经过这种汽化切割方法切割成形的。汽化切割进程中，蒸气带走熔化的质点和冲刷碎屑，构成孔洞。汽化进程中，大约 40% 的材料汽化，而有 60% 的材料是以熔滴的方式被气流驱除的。

材料的汽化热一般很大，所以激光汽化切割时需要很大的功率和功率密度。激光汽化切割多用于极薄金属材料和非金属材料（如纸、布、木材、塑料和橡胶等）的切割。

（2）激光熔化切割

激光熔化切割时，用激光加热使金属材料熔化，然后通过与光束同轴的喷嘴喷吹非氧化性气体（氩、氦、氮等），依靠气体的强大压力使液态金属排出，形成切口。激光熔化切割不需要使金属完全汽化，所需能量只有汽化切割的 1/10。

激光熔化切割主要用于一些不易氧化的材料或活性金属的切割，如不锈钢、钛、铝及其合金等。

（3）激光氧气切割

激光氧气切割原理类似于氧乙炔切割。它是用激光作为预热热源，用氧气等活性气体作为切割气体。喷吹出的气体一方面与切割金属作用，发生氧化反应，放出大量的氧化热；另一方面把熔融的氧化物和熔化物从反应区吹出，在金属中形成切口。由于切割过程中的氧化反应产生了大量的热，所以激光氧气切割所需要的能量只是熔化切割的 1/2，而切割速度远远大于激光汽化切割和熔化切割。

激光氧气切割主要用于碳钢、钛钢以及热处理钢等易氧化的金属材料。

（4）激光划片与控制断裂

激光划片是利用高能量密度的激光在脆性材料的表面进行扫描，使材料受热蒸发出一条小槽，然后施加一定的压力，脆性材料就会沿小槽处裂开。激光划片用的激光器一般为 Q 开关激光器和 CO_2 激光器。

控制断裂是利用激光刻槽时所产生的陡峭的温度分布，在脆性材料中产生局部热应力，使材料沿小槽断开。这种控制断裂切割不适宜切割锐角和角边切缝。切割特大封锁外形也不容易取得成功。控制断裂切割速度快，不需要太高的功率，否则会引起工件外表熔化，破坏切缝边缘。其主要控制参数是激光功率和光斑尺寸大小。

2.2.2　激光切割机的组成

激光切割设备按激光工作物质不同，可分为固体激光切割设备和气体激光切割设备；按激光器工作方式不同，分为连续激光切割设备和脉冲激光切割设备。激光切割大都采用 CO_2 激光切割设备，主要由激光器、导光系统、数控运动系统、割炬、操作台、气源、水源及抽烟系统组成。典型的 CO_2 激光切割设备的基本构成见图 2-45。

（1）主机

主机主要由床身、工作台等基础件组成，床身分为开式和闭式两种，开式床身结构较为简单，工件放置方便。闭式床身刚性好，适合于较大激光切割机的结构。主机上的工作台用于支撑被切割的工件，支撑多采用多个顶尖结构，但也有采用多个圆球来支撑的；工作台侧面装有钢板的定位和夹紧装置。

按切割柜与工作台相对移动的方式，可分为以下三种类型：

① 在切割过程中，光束（由割炬射出）与工作台都移动，一般光束沿 Y 向移，工作台在 X 向移动。

② 在切割过程中，只有光束（割炬）移动，工作台不移动。

③ 在切割过程中，只有工作台移动，而光束（割炬）固定不动。

（2）传动系统

数控激光切割机要求定位精度通常 ＜0.05mm/300mm，因此，一般采用半闭环控制。半闭环系统的驱动元件为直流伺服或交流伺服电机，由于激光切割机只需保证运动部件的可

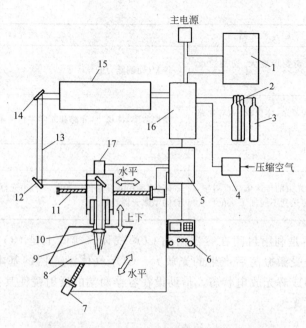

图 2-45 典型的 CO_2 激光切割设备的基本构成

1—冷却水装置；2—激光气瓶；3—辅助气体瓶；4—空气干燥器；5—数控装置；6—操作盘；
7—伺服电机；8—切割工作台；9—割炬；10—聚焦透镜；11—丝杠；12—反射镜；13—激光束；
14—反射镜；15—激光振荡器；16—激光电源；17—伺服电机和割炬驱动装置

靠移动，所以常采用脉宽调制宽调速的惯量直流电机，或交流伺服电机，电机直接与滚珠丝杠相连接而带动割炬滑板或活动工作台移动。在选择交流伺服电机时，因电动机转动惯量小，特别应注意电动机转动惯量与机械装置转动惯量的匹配。有时为了结构需要（例如 Z 轴）或转动惯量的匹配，需要加一级齿形带轮的减速。

选择电动机还需要有足够大的加速度，以使切割机运动部件有足够高的加速能力。

（3）激光切割用激光器

切割用激光器主要有 CO_2 气体激光器和钇铝石榴石固体激光器（通常称 YAG 激光器）。CO_2 激光器与 YAG 激光器的基本特性及主要用途见表 2-4，切割加工性能比较见表 2-5。

表 2-4　CO_2 激光器与 YAG 激光器的基本特性及主要用途

激光器	波长/μm	振荡形式	输出功率	效率/%	用途
CO_2 激光器	1.06	脉冲/连续	1.8kW 脉冲能量 0.1~150J	3	打孔、焊接、切割、烧刻
YAG 激光器	10.6	脉冲/连续	20kW	20	打孔、切割、焊接、热处理

注：表中"效率"指投入激光器工作介质的能量与激光输出能量之比。

表 2-5　CO_2 激光器与 YAG 激光器的切割加工性能比较

项目	CO_2 激光器	YAG 激光器
聚焦性能	光束发散角小，易获得基模，聚焦后光斑小，功率密度高	光束发散角小，不易获得单模（仅超声波 Q 开关 YAG 激光器能生产单模式），聚焦后光斑较大，功率密度低
金属对激光的吸收率（常温）	低	高

续表

项目	CO_2 激光器	YAG 激光器
切割特性	好(切割厚度大,切割速度快)	较差(切割能力低)
结构特性	结构复杂,体积较小,对光路的精度要求高	结构紧凑,体积小,光路和光学零件简单
维护保养性	差	良好
加工柔性	差(光束的传达依靠反射镜,难以传送到不同加工工位)	好(可利用光纤维传达光束,1台激光器可用于多个工位,也能多台同型激光器连用)

CO_2 气体激光器是利用封闭在容器内的 CO_2 气体（实际上是 CO_2、N_2 和 He 的混合体）作为工作物质经受激振荡后产生的光放大。CO_2 气体激光器的基本结构见图 2-46。气体通过施加高压电形成辉光放电状态,借助设在容器两端的反射镜使其在反射镜之间的区域不断受激励并产生激光。

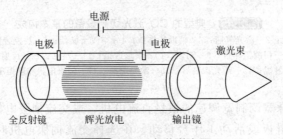

图 2-46　CO_2 气体激光器

CO_2 气体激光器主要有气体封闭容器式、低速轴流式、高速轴流式和横流式（即放电方向、光轴方向与气体流动方向成正交）等类型。激光切割一般使用轴流式 CO_2 气体激光器。

YAG 固体激光器的结构原理见图 2-47。它是借助光学泵作用将电能转化的能量传送到工作介质中,使之在激光棒与电弧灯周围形成一个泵室。同时通过激光棒两端的反光镜,使光对准工作介质,对其进行激励以产生光放大,从而获得激光。

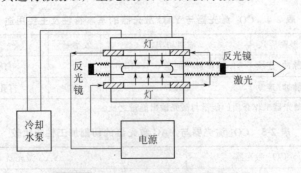

图 2-47　YAG 固体激光器的结构原理

切割用 YAG 激光器的种类和主要用途见表 2-6。

表 2-6　切割用 YAG 激光器的种类和主要用途

项目	连续激光器		脉冲激光器
	一般连续振荡	Q 开关振荡	
激励用灯	电弧灯	—	闪光灯
Q 开关	—	超声波 Q 开关	—
脉冲宽度/ms	—	$50\sim500$	$0.1\sim20$
重复频率/kHz	—	<50	$(1\sim500)\times10^{-6}$
峰值频率/kW	—	$10\sim250$	$1\sim20$
平均输出功率/W	$1\sim1800$	100	1000
脉冲能量/mJ	—	$1\sim30$	$100\sim150000$
主要用途	用于碳素钢、不锈钢薄板(厚度小于 3mm)的切割	陶瓷和铝合金薄板(约 1mm)的精密切割	铜、铝合金板(厚度小于 20mm)的精密切割

（4）割炬

激光切割用割炬的结构见图 2-48。主要由割炬体、聚焦透镜、反射镜和辅助气体喷嘴等组成。激光切割时，割炬必须满足下列要求：

① 割炬能够喷射出足够的气流；

② 割炬内气体的喷射方向必须和反射镜的光轴同轴；

③ 割炬的焦距方便调节；

④ 切割时，保证金属蒸气和切割金属的飞溅不会损伤反射镜。

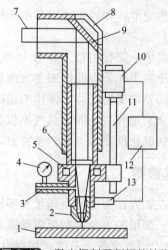

图 2-48　激光切割用割炬的结构

1—工件；2—切割喷嘴；3—氧气进气管；4—氧气压力表；5—透镜冷却水套；
6—聚焦透镜；7—激光束；8—反射冷却水套；9—反射镜；10—伺服电机；
11—滚珠丝杠；12—放大控制及驱动电器；13—位置控制器

割炬的移动是通过数控运动系统进行调节，割炬与工件间的相对移动有三种情况：

① 割炬不动，工件通过工作台运动，主要用于尺寸较小的工件；

② 工件不动，割炬移动；

③ 割炬和工作台同时运动。

（5）光路系统

为保证高速和优质的激光切割，光路系统是很重要的，激光切割机的光路系统示意图见图2-49。光路系统是指外光路系统，它包括从激光器出来的光束，经过导管，反射镜几次反射到安装于割炬头上的聚焦镜上，经聚焦后，激光成为直径只有0.1～0.2mm但能量密度极高的小光点，把该光点对准被割金属所需的位置上而进行切割。当光路很长，聚焦镜前激光束发散较大时，在光路上可加扩束镜来使激光收敛。

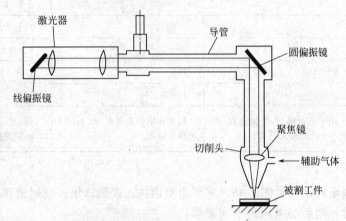

激光器　　导管　　圆偏振镜　　线偏振镜　　聚焦镜　　切削头　　辅助气体　　被割工件

图 2-49　激光切割机的光路系统示意图

为了校正光路和使激光对准被割工件，在光路上需要安装与激光同轴的氦氖激光器，氦氖激光由单独光闸控制。

聚焦镜常用硒化锌、砷化镓或锗等制造。根据切割工艺要求，可以采用不同焦距的聚焦镜，为防止聚焦镜在工作时产生热变形，常需要通冷却水来冷却。

（6）气路系统

激光切割机的气路系统比较简单，除在切割工作台上夹紧钢板的夹钳需通压缩空气外，在光管内常常需要通稍大于大气压的干燥干净的压缩空气或氮气，以保证光路上各组镜片的干净和防潮。另外，在切割嘴上需要加辅助气体。常用的辅助气体有氧气、空气、氮气和二氧化碳等。对切割碳钢来说，通常采用氧气，因为氧气不仅起吹掉溶渣作用，而且在切割过程中引起氧化反应而加热，形成的氧化铁渣熔点低，易排渣，从而使切割面光滑。

2.2.3　激光切割机的技术参数

随着激光切割应用范围的日益扩大，为适应不同尺寸零件切割加工的需要，开发出许多具有不同特性和用途的切割设备。常用的主要有割炬驱动式切割设备、XY坐标切割台驱动式切割设备、割炬-切割台双驱动式切割设备、一体式切割设备和激光切割机器人等。

（1）割炬驱动式切割设备

割炬驱动式切割设备中，割炬安装在可移动式门架上并沿门架大梁横向（Y轴方向）运动，门架带动割炬沿X轴运动，工件固定在切割台上。由于激光器与割炬分离设置，在切割过程中，激光的传输特性、沿光束扫描方向的平行度和折光反射镜的稳定性都会受到影响。

割炬驱动式切割设备可以加工尺寸较大的零件，切割生产区占地相对较小，易与其他设备组成生产流水线，但是定位精度只有±0.04mm。

割炬驱动式切割设备的典型结构见图 2-50。采用 CO_2 气体连续激光，光束从激光器传送到割炬的距离为 18mm。为了保持光束直径在这一传送距离内其形状的变化不妨碍切割加工的进行，振荡器反光镜的组合应仔细设计。

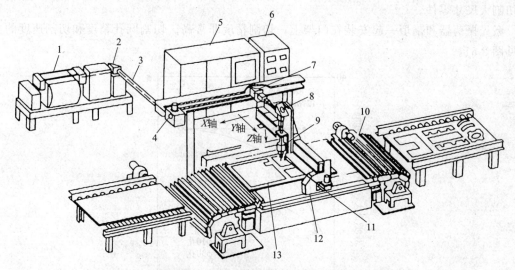

图 2-50 割炬驱动式切割设备的典型结构

1—激光器；2—反射镜 1；3—激光束；4—反射镜 2；5—激光电源；6—数控装置；7—反射镜 3；
8—反射镜 4；9—聚焦透镜；10—传送带；11—高度传感器；12—齿轮与齿条；13—钢板

（2）XY 坐标切割台驱动式切割设备

XY 坐标切割台驱动式切割设备，割炬固定在机架上，工件置于切割台上。切割台按数控指令沿 X、Y 方向运动，驱动速度一般为 0～1m/min（可调）或者 0～5m/min（可调）。由于割炬相对工件固定，在切割过程中对激光束的调准对中影响小，因此能进行均一且稳定的切割。当切割工作台尺寸较小、机械精度较高时，定位精度为 ±0.01mm，切割精度相当好，特别适合于小零件的精密切割。另外也有采用 X 轴方向行程 2300～2400mm、Y 轴方向行程 1200～1300mm 的切割工作台来加工较大尺寸的零件。

XY 坐标切割台驱动式切割设备的主要技术参数见表 2-7。

表 2-7 XY 坐标切割台驱动式切割设备的主要技术参数

激光器	CO_2 气体激光（半封闭直管式）
激光电源	输入电压：200V AC 输出电压：0～30kV 最大输出电流：100mA
激光输出功率	550W
切割台行程	X 轴 2300mm，Y 轴 1300mm
切割台驱动速度（分级可调）	0.4～5.0m/min，0.2～2.5m/min，0.1～1.3m/min，0.05～0.6m/min
割炬高度（Z 向）浮动行程	180mm
加工板材的最大尺寸	6mm×1300mm×2300mm
控制设备	数控方式

（3）割炬-切割台双驱动式切割设备

割炬-切割台驱动式切割设备介于割炬驱动式与 XY 坐标切割台驱动式之间。割炬安装在门架上并沿门架大梁做横向（Y 向）运动，切割台沿纵向驱动，兼有切割精度高和节省生产场地的优点。定位精度为±0.01mm，切割速度调节范围为 0～20m/min，是应用较多的一种切割设备。其中较大的切割设备 Y 轴方向行程为 2000mm，X 轴方向行程为 6000mm，可切割大尺寸零件。

激光振荡器和割炬一起安装在门架上，切割精度非常高。切割圆孔精度和切割速度的关系见图 2-51。

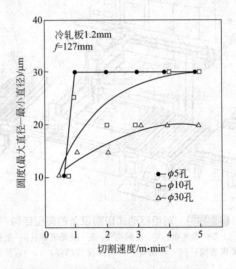

图 2-51　切割圆孔精度和切割速度的关系
（材料：碳素钢薄板，厚 1.2mm，焦距 127mm）

由图 2-51 可见，采用割炬-切割台双驱动式切割设备切割圆孔的精度很高。而且这种设备的生产效率也很高，在厚 1mm 钢板上，每分钟能切割直径为 10mm 的圆孔 46 个。

（4）一体式切割设备

一体式切割设备中，激光器安装在机架上并随机架纵向移动，而割炬同其驱动机构组成一体在机架大梁上横向移动，利用数控方式可进行各种成形零件的切割。为弥补割炬横向移动使光路长度变化，通常备有光路长度调整组建，能在切割区范围内获得均质的光束，保持切割面质量的同质性。

一体式切割设备一般采用大功率激光器，适用于中厚板（8～35mm）大尺寸钢结构件的切割加工。表 2-8 列出了一体式激光器切割设备的加工能力。LMX 型一体式激光切割设备的主要技术参数见表 2-9。

表 2-8　一体式激光切割设备的加工能力

激光功率/kW	1.4	2	3	6
有效切割范围/mm	1830×7000	2440×36000	4200～36000	2600～36000
切割碳素钢最大厚度/mm	9	16	19	40

表 2-9　LMX 型一体式激光切割设备的主要技术参数

型号	LMX25	LMX30	LMX35	LMX40
有效切割宽度/mm	2600	3100	3600	4100

有效切割长度/mm	可根据用户要求(标准 6m)
轨距/mm	有效切割宽度＋1700
轨道总长/mm	有效切割宽度＋4800
切割机高度/mm	2200
割炬高度浮动行程/mm	200
驱动方式	齿条和齿轮双侧驱动式
切割进给速度/mm·min^{-1}	6～5000
快速进给速度/mm·min^{-1}	24000
割炬上下移动速度/mm·min^{-1}	1200
原点返回精度/mm	±0.1
定位精度/mm	±0.0001
激光器(CO$_2$ 气体激光器)	TF3500(额定功率 3kW)或 TF2500(额定功率 2kW)

（5）激光切割机器人

激光切割机器人有 CO$_2$ 气体激光切割机器人和 YAG 固体激光切割机器人。通常激光切割机器人既可进行切割又能用于焊接。

① CO$_2$ 激光切割机器人 L-1000 型 CO$_2$ 激光切割机器人结构简图见图 2-52。

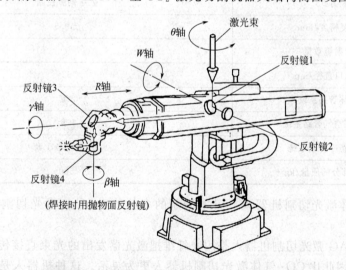

图 2-52 L-1000 型 CO$_2$ 激光切割机器人结构简图

L-1000 型 CO$_2$ 激光切割机器人是极坐标式 5 轴控制机器人，配用 C1000～C3000 型激光器。光束经由设置在机器人手臂内的 4 个反射镜传送，聚焦后从喷嘴射出。反射镜用铜制造，表面经过反射处理，使光束传递损失不超过 0.8%，而且焦点的位置精度非常高。为了防止反射镜受到污损，光路完全不与外界接触，同时还在光路内充入经过滤器过滤的洁净空气，并具有一定的压力，从而防止周围的灰尘进入。

L-1000 型 CO$_2$ 激光切割机器人的主要技术参数见表 2-10。

表 2-10 L-1000 型 CO$_2$ 激光切割机器人的主要技术参数

项目		技 术 参 数
动作形态		极坐标式
控制轴数		5 轴(θ、w、R、γ、β)
设置状态		固定在地面或悬挂在门架上
工作范围	θ 轴/(°)	200
	w 轴/(°)	60
	R 轴/mm	1200
	γ 轴/(°)	360
	β 轴/(°)	280
最大动作速度	θ 轴/(°)·s^{-1}	90
	w 轴/(°)·s^{-1}	70
	R 轴/mm·s^{-1}	90
	γ 轴/(°)·s^{-1}	360
	β 轴/(°)·s^{-1}	360
手臂前段可携带质量/kg		5
驱动方式		交流伺服电机驱动
控制方式		数字伺服控制
位置重复精度/mm		±0.5
激光反射镜数量		4
激光进入口直径/mm		62
辅助气体管路系统		2 套
光路清洁用空气管路系统		1 套
激光反射镜冷却水系统		进、出水各 1 套
机械结构部分的质量/kg		580

② YAG 固体激光切割机器人 日本研制的多关节型 YAG 激光切割机器人的结构见图 2-53。

多关节型 YAG 激光切割机器人是用光纤维把激光器发出的光束直接传送到装在机器人手臂的割炬中,因此比 CO$_2$ 气体激光切割机器人更为灵活。这种机器人是由原来的焊接机器人改造而成的,采用示教方式,适用于三维板金属零件,如轿车车体模压件等的毛边修割、打孔和切割加工。

2.2.4 激光切割机的应用及发展趋势

激光切割可解决复杂形状、特殊件、厚板件等的加工问题,在试制生产中得到广泛的应用,在批量生产中提高了材料的利用率,降低了产品成本,规范了生产管理,提高了经济效益,从而满足了生产要求,提高了零件质量,减轻了工人负担,成为生产中的关键设备。

(1) 激光切割机的应用

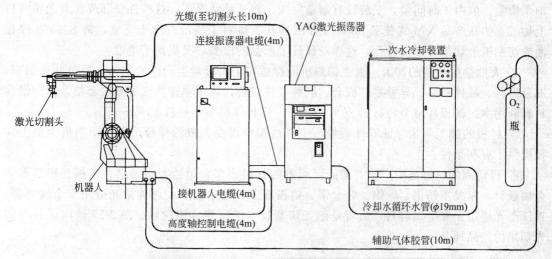

光缆(至切割头长10m)　连接振荡器电缆(4m)　YAG激光振荡器　一次水冷却装置

激光切割头

机器人

接机器人电缆(4m)

高度轴控制电缆(4m)

冷却水循环水管(ϕ19mm)

辅助气体胶管(10m)

O_2瓶

图 2-53 多关节型 YAG 激光切割机器人的结构

① 切割形状复杂、特殊的板件　在切割 3060 型水稻收割机中的 D24475 侧壁板时，旧工艺编排需进行剪料→钻全部孔→仿形割异形孔→5 次冲孔→切左边尖角→切左下角→4 次切尖角→振剪圆弧等 15 道工序，在激光切割机上加工只需切割外形及孔，一次成形，不但减少工序间的周转，缩短生产周期，而且节省了工装的制造费用。图 2-54 为激光切割机切割的各种复杂形状零件。

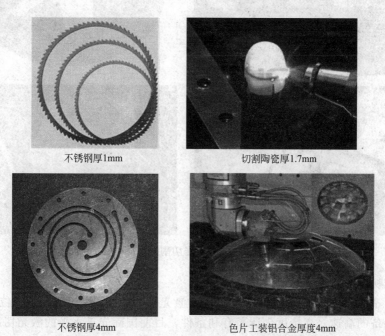

不锈钢厚1mm

切割陶瓷厚1.7mm

不锈钢厚4mm

色片工装铝合金厚度4mm

图 2-54 激光切割机切割的各种复杂形状零件

② 切割厚板件　厚板件在剪板机上加工会出现斜度，影响零件质量，使用时需要铣削加工。利用激光切割机切割避免了这种情况的发生，保证了零件的加工质量。

③ 小批量试制件的加工　某公司开发研制了 X42/62/75 摘棉机等新产品，同时改进了1000 系列及 3060 系列收割机，在产品试制及小批量生产过程中，由于一些件需要工装保证

加工质量，但由于时间紧，工装没有制造完成，在这种情况下，这些件全部改在激光切割机上加工。如新产品 X75 驾驶室 S38362 件的冲孔、落料工装没有加工完成，将 S38362 改在激光切割机上切割外形及内孔，这样既保证了产品的质量，又提高了进度。

④ 大批量生产件的加工　激光切割机同样适用于大批量生产件的加工，通过共边切割、混合排料、最佳矩形、异种零件嵌套、同种零件组合，调用单排算法等方法套裁，达到最高材料利用率。薄板件可节约材料 20％～25％，厚板件可节约材料 10％～15％。

⑤ 样板的加工　为保证零件质量，生产过程中需要大量的样板，激光切割机为加工样板提供了有利条件。

⑥ 可切割的材料范围广泛　激光可切割的材料很多，包括有机玻璃、木板、塑料等非金属板材，以及不锈钢、碳钢、合金钢、铝板等多种金属材料。脉冲激光适用于金属材料，连续激光适用于非金属材料，后者是激光切割技术的重要应用领域。图 2-55 给出了各种激光切割的产品样品。

图 2-55　各种激光切割的产品样品

（2）激光切割机的发展趋势

① 高速、高精度激光切割机　由于大功率激光器光束模式的改善及 32 位微机的应用，为激光切割设备的高速、高精度创造了有利条件，目前国际先进水平的激光切割机的切割速度已达到 20m/min 以上，两轴快速运动可达 25m/min，加速度最大为 10g（g 为重力加速度），定位精度达 0.01mm/500mm，采用高速、高精度的激光切割机，在切割板厚 1mm、直径 10mm 的小孔时，每分钟能切割 500 多个，而其直径误差不大于 50μm，实现了真正意义上的飞行切割技术。

② 厚板切割和大尺寸工件切割的大型激光切割机　如上所述，随着可用于激光切割激光器功率的增大，激光切割正从轻工业薄板的钣金加工向着重工业厚板切割方向发展。

60kW 大功率激光器，能切割低碳钢板最大厚度达 32mm 的大尺寸工件，由于厚板激光切割技术的不断改进。目前已经尝试使用 3kW 的激光器切割通常需要用 62kW 激光器才能切割的 32mm 厚的低碳钢板，并已用于试生产，此外，激光切割机的加工尺寸范围也在不断扩大。目前激光切割机的机宽可达 504m、长达 6m。

③ 三维立体多轴数控激光切割机　为了满足汽车、航空等工业的立体工件切割的需要，目前已发展了各种各样的 5 轴或 6 轴三维激光切割机，其最大加工工件尺寸可达 3600mm×3600mm×600mm，数控轴数达到 9 轴，加工速度快，精度高。在 $6m^2$ 范围内加工误差仅在 0.1mm 之内，在汽车生产线上，YAG 激光切割机器人的应用愈来愈多。目前，三维激光切割机正向高效率、高精度、多功能和高适应性方向发展，其应用范围将会愈来愈大。图 2-56 为三维激光切割机的在加工时的情形。

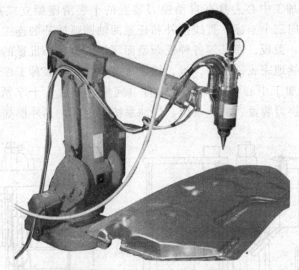

图 2-56　加工中的三维激光切割机

④ 激光切割单元自动化和无人化　为了提高生产率和节省劳动力，目前激光切割正向着激光切割单元和无人化、自动化方向发展。发展这种单元自动化系统，必须依赖于先进的自动控制、网络控制技术及计算机生产辅助管理系统技术等。国外已有各种各样的激光切割单元可供选择，并有由 6 台大型激光切割机为核心组成的无人化的切割生产线在工厂运行。

⑤ 紧凑型和组合一体化数控激光切割机　随着激光器体积的缩小和功率的增大，以及辅助装置的不断完善，出现了把激光器、电源、主机、控制系统和冷却水循环装置等紧密地组合在一起，形成占地面积小、功能完善的整套紧凑型激光切割机。此外，激光切割技术正与激光焊接、激光表面淬火等激光加工工艺组合，以发展一机多用，进一步提高设备的利用率。

目前，激光切割需要研究、开发和解决的主要问题如下。

a. 激光器的改进。包括 2kW 级以上 CO_2 激光器光束模式的改善、YAG 激光束发散角的减小和超小型大功率气体激光器的开发等。

b. 光束传导系统功能部件的研究。提高大功率激光光束传递和聚焦光路系统的可靠性及性能，包括大功率光路系统中热变形补偿及其监测系统的研究、光轴的自动调节系统及防反射光光学系统的开发和 YAG 光导纤维传送系统的小型化及消除像差等问题的解决。采用补偿控制等方法使切割工作台超高速化、高精度化，提高激光切割机器人的移动速度和精度，NC 计算、处理的高速化等。

c. 切割软件的功能改善及激光切割工艺控制。利用 CAD/CAM 研制高速自动示教编程系统，以缩短三维立体激光切割机的编程时间。开发快速的、空间的高分辨率传感器及其监测系统等，建立适应性控制。

2.3 XHK716 型立式加工中心

2.3.1 机床组成

XHK716 型立式加工中心为具有自动换刀装置的十字滑座型立式加工中心，可以实现纵向、横向和垂直方向三个坐标、直线插补和任意两轴圆弧插补的连续闭环控制运动，适用于凸轮、箱体、支架、盖板、模具等各种复杂型面零件的多种小批量的加工。工件一次装夹在机床上，可自动连续地完成铣、钻、镗、铰、攻螺纹、锪等多种工序的加工。

XHK716 型立式加工中心主要由基础部件（底座、立柱、十字滑台、工作台）、主轴箱、进给系统、自动换刀装置、液压系统、气动系统等组成，其外形如图 2-57 所示。

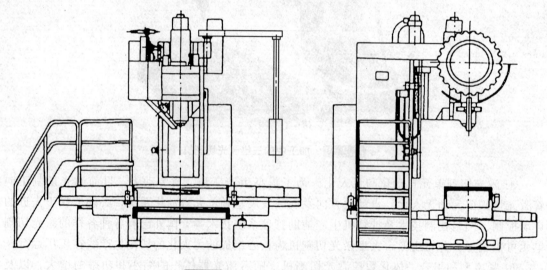

图 2-57 XHK716 型立式加工中心

2.3.2 主要技术性能

主机参数见表 2-11。

表 2-11 XHK716 型立式加工中心的主要技术参数

工作台工作面积	630mm×120mm
行程：纵向 　　　横向 　　　铅垂向	1200mm 630mm 800mm
主轴转速范围	25~2500r/min

主轴转速级数	无级(直接编程,增量 1r/min)
进给速率(X、Y、Z)	$2\sim4000$mm/min
快速移动(x、y、z)	10m/min
刀库容量	24 把
选刀方式	任选
主电机功率(DC)	12kW 或 15kW
进给直流伺服电机(X、Y、Z)	38.5N·m
机床电源总功率	42kW

数控装置(FANUC-6MB 系统)参数见表 2-12。

表 2-12　　FANUC-6MB 数控系统的参数

控制轴数	X、Y、Z 三轴或增加 A、B、C 中任一轴为第四轴
同时控制轴数	X、Y、Z 轴中任意两轴联动或三轴联动
轨迹控制方式	平面直线/圆弧方式或空间直线/螺旋线方式
纸带代码	EIA/ISO(标准 8 单位纸带)
程序格式	带小数点的地址符可变程序段格式
最小设定单位	0.001mm
最大编程单位	$+99999.999$mm
进给速度	快速进给速度最高为 15000mm/min,可用参数设定实际最大快进速度。本机床设定为 X、Y、Z 三轴的快进速度均为 10000mm/min。工作时还可利用机床操作面板上的选择旋转开关对指令的速度值进行修调至所需要的百分比值(25%、50%、100%) 切削进给速度为 $1\sim15000$mm/min,并可用参数设定实际最大进给速度,本机床设定为 4000mm/min。通过机床操作面板上的速度倍率开关还可对实际进给速度进行修调,修调范围为 $0\sim200\%$,每挡间隔为 10%。例如,程序指令的切削进给速度为 F5,程序设定进给速度为 5mm/min,速度倍率开关放在 10% 的位置,实际加工时进给速度就变为 0.5 mm/min
自动加减速	在快速进给运动时,不管是手动还是自动方式,进给的启动和停止都具有直线型的自动加减速控制。在切削进给和点动工作状态时,具有指数函数型自动加减速控制。该功能使机床在启动、停止、速度转换过程中能避免阶跃式的速度变化造成的振动噪声和冲击,实现升速和降速时的自动平缓过渡
M、S、T 机能	辅助机能(M 机能):在地址 M 之后,规定两位数字,指定一个辅助机能,用于机床辅助动作的开关控制 主轴速度机能(S 机能):机床主轴转速直接由地址 S 后面的整数指定,该整数最多可为 4 位数。如 S500 表示主轴转速为 500r/min。XHK716 机床的转速范围为 $20\sim2500$r/min 刀具机能(T 机能):机床选取刀具由地址 T 及后面的两位整数指定所需要的刀具,如 T12。XHK716 机床的刀库最多可装 24 把刀
程序号检索与 顺序号检索功能	利用 MDI 和 CRT 单元可找出由地址"O"(ISO 代码用:)和后缀 4 位整数表示的程序号所指定的程序,并能在所选定的程序内找出由地址 N 后缀 4 位数表示的顺序号所指定的程序段

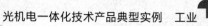

续表

外部工件号检索功能	用机床操作面板上的 5 个开关的不同状态组合,可得到 00～31 共 32 种组合状态,分别代表预先存储在磁泡存储器里的 32 种零件加工程序。当按压循环启动按钮后,就可自动选择存放在存储器中的相应的要被加工的零件的加工程序
空运转功能	当机床操作面板上的"空运转开关"放在接通位置时,由数控指令规定的进给速度变为无效,此时的进给速度变为由点动(JOG)方式时的速度选择开关所选定。该开关有 24 挡速度,范围为 1～2000mm/min。在空运转开关接通时,快速运动(G00)速度继续有效,此功能可以提高程序校验的效率。因此它可使低速进给时的插补运算等工作在高速下运行,而机床不动作
任选程序段删除功能	在机床操作面板土的程序段删除开关放在接通位置时,凡开头有删除符号(/)的程序段不被执行即无效。但若删除开关接通前,该程序段已读入缓冲寄存器,则会继续有效
单程序段功能	将机床操作面板上的单程序段开关放在接通位置时,每次按压循环启动按钮,只执行零件加工程序中的一个程序段,即可以逐个程序段地执行完全部加工程序。此功能主要用于检查指令和进行加工
机械锁住和辅助机能锁住	当机床操作面板上的机械锁住开关接通时,执行移动指令所产生的进给脉冲被抑制,不送往位置伺服驱动系统,因此机床不产生进给运动。但全部数控程序照常被执行,位置显示仍按程序进行改变,M、S、T 功能照常执行。机械锁住功能用来调试校验程序,通过观察显示器上位置数字的变化了解程序是否与加工要求相一致。当机床操作面板上的辅助机能锁住开关处于接通位置时,M、S、T 代码的指令不执行,即禁止自动换刀、主轴、冷却液等机械动作。数控系统只执行程序中的进给指令。该功能也用于检索程序
进给保持功能	在自动或手动控制的运行中,按下机床操作面板上的进给保持按钮,能使所有轴或某个轴的进给停止,当再按下循环启动按钮时,则重新运行
暂停功能	根据加工需要,可用程序指令(G04),在一个程序段执行完毕以后,暂停一段指定长的时间后,再执行下一个程序段。在加工中途需进行某种操作时,也可操作外部按钮实现机床运动的暂停和继续加工
急停功能	在数控设备工作时,当发生任何异常现象需紧急处理时,按下急停按钮,则停止执行一切指令,瞬时停止设备运行
手动连续进给功能	手动微动进给时,微动进给速度可用 24 位旋转开关进行切换。速度范围为 0～2mm/min。手动快速进给时,能对用参数设定的快速进给速度加以修调
手动增量进给功能	选择不同的增量进给量能够进行高效率的定位控制。增量值在公制时有 0.001、0.01、0.1、1、10、100(mm)六种
手摇脉冲发生器进给	旋转手摇脉冲发生器可使坐标轴移动相应距离,每旋转一圈发出 100 个脉冲,脉冲当量有 0.001、0.01、0.1(mm)三挡可供选择
间隙补偿功能	间隙补偿功能用来补偿机械传动系统正、反向旋转时产生的固有间隙,间隙大小可通过测定得到,然后将测得的间隙量预先设置在相应的参数单元中。间隙补偿量的范围为 0～255 个脉冲。在每次坐标轴运动方向反向时,数控系统就送出预先设置的补偿量以补偿机械正、反向旋转时的固有间隙
自诊断功能	伺服系统校验:检查误差寄存器的误差是否过大,位置检测与速度控制是否正常,伺服电机是否过热等
	数控系统校验:检查各种存储器和微处理器工作是否正常,数控柜是否过热
	状态显示:用 CRT 显示数控系统工作状态和输入、输出信号的状态

2.3.3 数控系统

SYSTEM6 数控系统是日本 FANUC 公司的产品，其结构如图 2-58 所示。

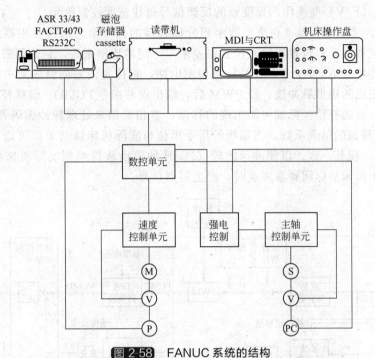

图 2-58　FANUC 系统的结构

M—进给伺服电机；V—速度检测器；S—主轴电机；PC—准停位置传感器；
P—位置检测器（脉冲编码器、旋转变压器、感应同步器、磁尺）

输入/输出装置有读带机、手动控制单元（MDI）、屏幕显示单元、机床操作面板、手摇脉冲发生器等。它们可以将各种设定的数据、参数、程序通过输入、输出接口以自动或手动方式输入数控单元并在显示器上显示。在系统运行时，还可通过显示器进行数控状态监控、报警等。

该系统备有 RS232C、FACIT4070、ASR33 三种输入/输出接口。除了使用 8 单元黑色控制纸带作为输入控制介质外，也能使用磁泡存储器存储数据和零件加工程序。最大存储容量达 320m 控制纸带长的信息。能够将主程序、子程序、用户宏功能主体等记忆到存储器中，能够任意调出并执行。由于磁泡存储器是采用磁性原理进行记忆的，所以无需备用电源在失电时去保护存储的数据和程序。

FANUC6 系统带有内装式可编程序控制器，它能根据指令要求输出主运动变速、刀具选择交换、辅助装置动作等指令信号，经必要的编译、逻辑判断、功率放大后直接驱动相应的电气部件、液压和机械执行装置，完成指令所规定的动作，有的开关信号也经它送至数控单元进行处理。机床主轴由宽调速直流电动机驱动、主轴速度控制器和测速发电机构成转速负反馈速度控制，能根据输出的主轴转速指令进行无级调速。能实现恒线速切削，通过位置编码器检测，还能在机床换刀时使主轴进行准停。

每个进给坐标轴的控制都配有一套伺服驱动系统。进给驱动电机采用直流伺服电机，应用 PWM 晶体管脉宽调速电路，位置检测元件除了可采用脉冲编码器外，还可采用旋转变压器、同步感应器、光栅等，构成全闭环控制系统。该系统的位置控制框图如图 2-59 所示。

CPU 输出的位置指令经过专用大规模集成电路位置控制芯片 MB8739 处理后，送往 D/A 转换器，再经速度控制单元控制电机运动。电机轴上装有脉冲编码器，随着电机转动产生系列脉冲。该脉冲经接收器后反馈到 HB8739，然后将其分为两路，一路作为位置量的反馈，一路经频率/电压（F/V）变换作为速度量的反馈信号送往速度控制单元。

图 2-59 中，误差寄存器寄存来自数字积分插补器的指令值与来自鉴相器的实际位置反馈值比较后的位置误差；位置增益对位置误差乘以一定的比例系数，它是用来调整整个位置伺服系统的开环增益 K_v 的；PWM 是脉宽调制电路，将位置误差调制成某一固定频率且宽度与误差值成正比的矩形脉冲波，经 PWM 后，输出误差指令 FCMD；偏移补偿用于在无位置指令输出时，自动补偿坐标轴可能出现的移动；鉴相器用来处理脉冲编码器的反馈信号；DMR 是实际位移值的倍乘系数，当编程的指令单位与实际机床移动单位可能不一致时，用 DMR 进行调整，使其一致，以便进行比较（DMR 的值由软件根据实际机床的参数设定）；基准计数器用于机床坐标回到参考点时，产生零点信号。

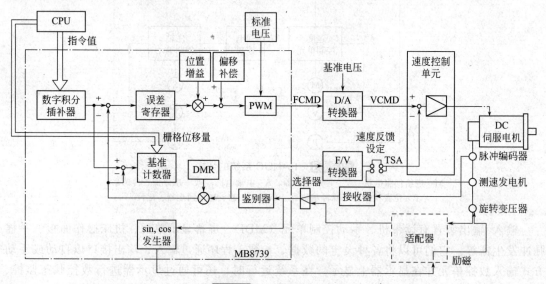

图 2-59 位置控制框图

2.3.4 传动系统

XHK716 型立式加工中心的传动系统原理图如图 2-60 所示，主轴与变速箱分为两体，主轴 3 与变速箱的Ⅳ轴通过十字键块 2 连接来传递转矩。主传动系统由功率为 15kW 的主电机（宽调速直流电机）1 驱动。主电机装于主轴箱顶部，通过Ⅰ、Ⅱ、Ⅲ、Ⅳ轴传至主轴 3，Ⅰ、Ⅱ轴间的传动和Ⅱ、Ⅲ轴间的传动均为齿轮定比传动。Ⅲ轴上装有一个双联滑移齿轮，通过液压缸操纵，可分别与Ⅳ轴上的两个固定齿轮啮合，从而使主轴 3 获得两个固定的机械变速挡。再通过主电机的无级调速，可使主轴得到 25～2500r/min 的变速范围。

纵向、横向和垂直方向的进给运动分别采用永磁式直流伺服电机 9、4、7 驱动，通过张紧环结合子 8、5、6 将运动直接传递给各进给滚珠丝杠，从而带动工作台、十字滑台、垂向滑座，实现三个方向的进给运动。

2.3.5 自动换刀装置

自动换刀装置的用途是按照加工需要，自动地更换装在主轴上的刀具。机械手安装在主

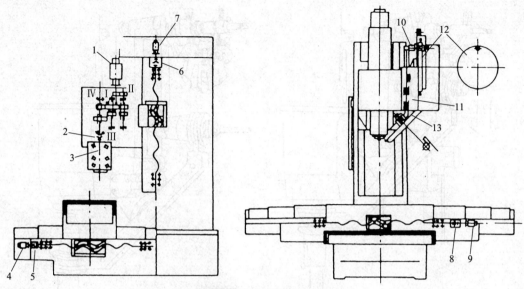

图 2-60 传动系统原理图

1—主电机；2—十字键块；3—主轴；4,7,9—伺服电机；5,6,8—张紧环结合子；
10—液压马达；11—刀库底座；12—单盘式刀库；13—机械手手臂

轴箱的左侧面，随同主轴箱一起在立柱上运动。换刀装置由单盘式刀库 12、刀库底座 11、液压马达 10、双臂回转机械手组成，能实现在刀库与机床主轴之间装卸和传递刀具所需要的全部动作。

（1）自动换刀的工作过程

图 2-61 所示为换刀过程的示意图。换刀的大致过程见表 2-13。

表 2-13　自动换刀的工作过程

顺序	内容
1	主轴箱回到最高处（Z 坐标参考点），同时主轴停止回转并定向
2	机械手大臂转动抓住主轴和刀库上的刀具
3	主轴和刀库上的刀具松开[图 2-61(a)]
4	机械手下移从主轴和刀库上取出刀具[图 2-61(b)]
5	机械手大臂转动 180°，换刀[图 2-61(c)]
6	机械手上移将更换后的刀具装入主轴和刀库[图 2-61(d)]
7	主轴和刀库分别夹紧刀具
8	机械手松开主轴和刀库上的刀具
9	当机械手大臂转动至水平状态时，限位开关发出"换刀完毕"的信号，可以开始加工或进行其他程序动作

在自动换刀的整个过程中，各项运动均由限位开关控制，只有前一个动作完成后，才能进行下一个动作，从而保证了运动的可靠性。自动换刀时间约 5s。

（2）刀库

刀库的回转用液压马达 10 通过齿轮、内齿圈带动装有刀具的刀盘旋转，刀盘支承在轴承上，而轴承固定在刀库底座 11 上。

图 2-62 所示为刀库定位及松、夹刀具的结构简图。刀库的定位是由接近开关控制电磁阀使液压马达停止转动，由双向液压缸 7 带动定位销 5，插入刀盘 4 上的定位孔，实现精确

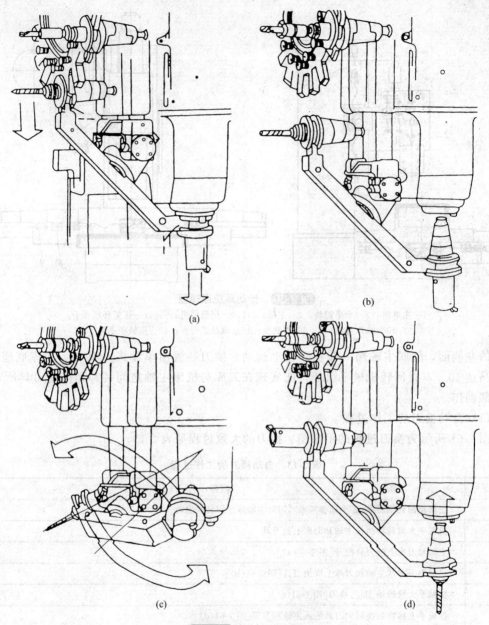

图 2-61　换刀过程图

定位。在刀盘 4 的每一个刀位上都装有弹簧 8、导柱 2、键块 1 和长销 6 所组成的刀具固定装置。在弹簧 8 压缩力作用下，导柱 2 向上运动，同时带动键块 1 和固定在键块上的长销 6 向上运动。当键块 1 和长销 6 插入卡在刀盘上的刀柄凸缘上的键槽和孔内时，就实现了刀具在刀库上的固定。图 2-62 所示即为刀具卡在刀盘上并被固定的状况。当单向液压缸 3 通油后，将导柱拉下，使键块 1 和长销 6 退出，此时刀具在刀盘上处于自由状态。控制刀具固定装置的单向液压缸 3 有两个：一个与定位销连在一起，自动换刀时用；另一个在靠近立柱方向的部位，用于刀库手动装刀。刀库可装 24 把刀，最大刀具直径为 120mm。相邻刀座不装刀时，最大刀具直径可为 200mm。刀具的选择方式为任选，通过可编程序控制器记忆每把刀具在刀盘上的位置，自动选取所需要的刀具。

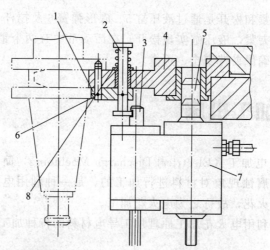

图 2-62　刀库定位及松、夹刀具的结构简图

1—键块；2—导柱；3—单向液压缸；4—刀盘；5—定位销；6—长销；7—双向液压缸；8—弹簧

（3）机械手

图 2-63 所示为机械手的结构图。机械手由机械手臂和 45°的斜壳体组成。机械手臂 1 形状对称，固定在回转轴 2 上，回转轴与主轴成 45°角，安装在壳体 3 上。液压缸 4 中的齿条通过齿轮带动回转轴 2 转动，从而实现手臂正向和反向 180°的旋转运动。

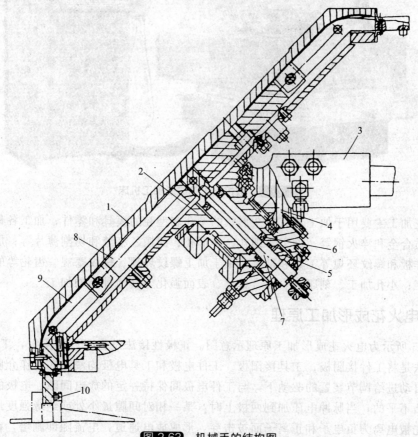

图 2-63　机械手的结构图

1—机械手臂；2—回转轴；3—壳体；4—液压缸；5—液压缸；6—碟形弹簧；7—拉杆；8—杠杆；9—活动爪；10—销子

机械手对刀具的夹紧和松开是通过液压缸5、碟形弹簧6及拉杆7、杠杆8、活动爪9来实现的。碟形弹簧实现夹紧，液压缸实现松开。在活动爪中有两个销子10，在夹紧刀具时，插入刀柄凸缘的孔内，确保夹持安全、可靠。

2.4 电火花加工机床

电火花加工又称放电加工（Electrical Discharge Machining，简称EDM），是基于正负电极间脉冲放电时的电腐蚀现象对材料进行加工的，是一种利用电、热能量进行加工的方法。因放电过程可见到火花，故称之为电火花加工。

电火花加工机床是利用电火花加工原理加工导电材料的特种加工机床，又称电蚀加工机床，见图2-64。

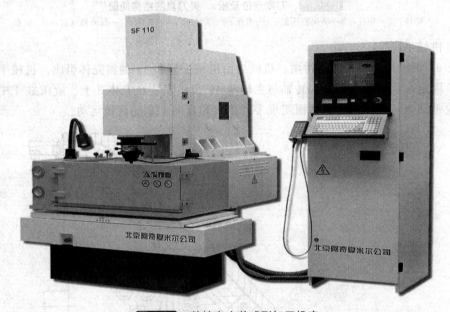

图 2-64　数控电火花成形加工机床

电火花加工主要用于加工有复杂形状的型孔和型腔的模具和零件；加工各种硬、脆材料，如硬质合金和淬火钢等；加工深细孔、异形孔、深槽、窄缝和切割薄片等；加工各种成形刀具、样板和螺纹环规等工具和量具；用于加工螺纹环规、螺纹塞规、齿轮等的电火花共轭回转加工；小孔加工、刻印、表面合金化、表面强化等其他种类的加工。

2.4.1 电火花成形加工原理

图2-65所示为电火花成形加工原理示意图。正极性接法是将工件接阳极，工具接阴极；负极性接法是将工件接阴极，工具接阳极。工件电极和工具电极均浸泡在工作介质当中，工具电极在自动进给调节装置的驱动下，与工件电极间保持一定的放电间隙。电极的表面（微观）是凹凸不平的，当脉冲电压加到两极上时，某一相对间隙最小处或绝缘强度最低处的工作液将最先被电离为负电子和正离子而被击穿，形成放电通道，电流随即剧增，在该局部产生火花放电，瞬时高温使工件和工具表面都蚀除掉一小部分金属。单个脉冲经过上述过程完

成了一次脉冲放电，而在工件表面留下一个带有凸边的小凹坑，如图 2-66 所示。这样以很高额率连续不断地重发放电、工具电极不断地向工件进给，就将工具的形状复制在工件上，加工出所需要的零件。

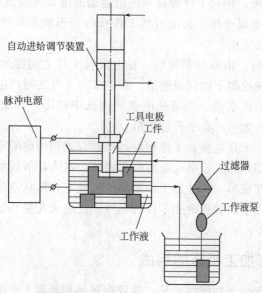

图 2-65　电火花成形加工原理示意图

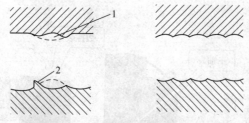

图 2-66　电火花成形加工表面示意图
1—凹坑；2—凸边

每次电火花腐蚀的微观过程是电力、热力、磁力、流体动力等综合作用的过程。大致可分为四个阶段：极间介质的击穿形成放电通道；介质热分解、电极材料熔化、汽气化热膨胀；蚀除产物的抛出；间隙介质消电离。

电火花成形加工分为穿孔加工和型腔加工，可以用于模具型腔和小孔深孔的加工，见图 2-67。

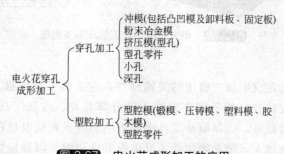

图 2-67　电火花成形加工的应用

2.4.2　电火花加工机床的类型

按照工具电极的形式及其与工件之间相对运动的特征，可将电火花加工方式分为三类。

① 利用成形工具电极，相对工件做简单进给运动的电火花成形加工机。

② 利用轴向移动的金属丝作工具电极，工件按所需形状和尺寸做轨迹运动，以切割导电材料的电火花线切割加工机。

③ 利用铜管作为电极，由导向器导向，在电极与工件之间施加高效脉冲电源，加工时主轴带动电极在伺服系统控制下做伺服进给，在电极与工件之间产生脉冲高频放电，有控制地蚀除工件。加工中，高压水质工作液从电极的内孔中喷出，对加工区域实施强迫排屑冷却，保证加工顺利进行，如电火花小孔加工机。

按工具电极的形状、工具电极和工件相对运动的方式和用途的不同，大致分为电火花穿孔成形加工、电火花线切割加工、电火花磨削和镗磨、电火花展成加工、电火花表面强化与刻字。前四类属于电火花成形、尺寸加工，是用于改变零件形状或尺寸的加工方法；最后一类属于表面加工方法，用于改善或改变零件表面性质。电火花穿孔加工和电火花线切割应用最为广泛。

2.4.3　电火花成形加工机床的组成

电火花成形加工机床由于功能的差异，导致在布局和外观上有很大的不同，但其基本组成是一样的，都由脉冲电源、数控装置、工作液循环系统、伺服进给系统、基础部件等组成，如图 2-68 所示。

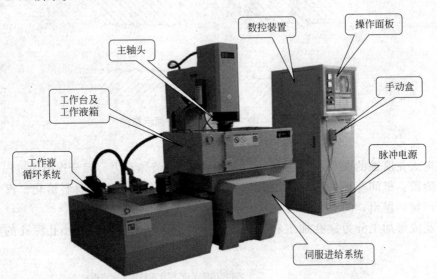

图 2-68　电火花成形加工机床基本组成

（1）主轴头

主轴头是数控电火花成形加工机床的关键部件，它上面安装电极（即工具）。主轴由直流或交流伺服电机、滚珠丝杠螺母副在立柱上做升降移动，改变工具电极和工件之间的间隙。间隙过大时，不会放电，必须驱动工具电极进给靠拢；在放电过程中，工具电极与工件不断被蚀除，间隙逐渐增大，则必须驱动工具电极补偿进给，以维持放电所需的间隙；当工具电极与工件间短路时，必须使工具电极反向离开，随即再重新进给，调节到所需的放电间隙（0.01～0.2mm）。

主轴头是电火花成形加工机床中最关键的部件，是自动调节系统中的执行机构，对加工工艺指标的影响极大。因此主轴头应具备有一定的轴向和侧向刚度及精度；有足够的进给和回升速度；主轴运动的直线性和防扭转性能好；灵敏度要高，无爬行现象；不同的机床要具备合理的承载电极的能力。

对主轴头的要求是：结构简单、传动链短、传动间隙小、热变形小、具有足够的精度和刚度，以适应自动调节系统的惯性小、灵敏度好、能承受一定负载的要求。主轴头常用的有电-液式和电-机械式。

主轴头运动控制方式有电液伺服进给、步进电机伺服进给和直（交）流伺服进给和直线电机伺服进给等方式。图 2-69 为直（交）流伺服进给主轴头。

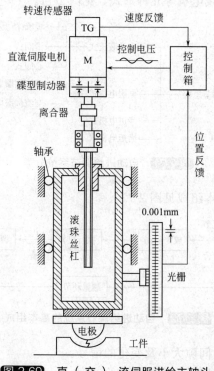

图 2-69 直（交）流伺服进给主轴头

（2）自动进给调节系统

电火花加工是一种无切削力、不接触的加工手段，要保证加工继续，电极与工件必须保持一定的放电间隙。由于工件不断被蚀除，电极也不断地损耗，故放电间隙将不断扩大。如果电极不及时进给补偿，放电过程会因间隙过大而停止。反之，间隙过小又会引起拉弧烧伤或短路，这时电极必须迅速离开工件，待短路消除后再重新调节到适宜的放电间隙。因此，电极的进给速度 v_d 必须大于电腐蚀的速度 v_w，如图 2-70 所示。同时，电极还要频繁地靠近和离开工件，以便于排渣，而这种运动是无法用手动来控制的，故必须由伺服进给系统来自动控制电极的运动。

自动进给调节系统就是用来调节进给速度，使进给速度接近并等于电腐蚀速度，维持一定的放电间隙，使放电加工稳定进行，获得比较好的加工效果。

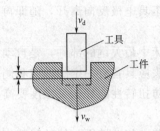

图 2-70　放电间隙、蚀除速度和进给速度

　　对自动进给调节系统的基本要求是：有较广的速度调节跟踪范围；有足够的灵敏度和快速性；有必要的稳定性；有足够大的空载进给速度和短路回退速度。

　　自动进给调节系统按执行元件可分为电液压式、步进电机式、宽调速力矩电机、直流伺服电机、交流伺服电机、直线电机等几种形式，见图 2-71。

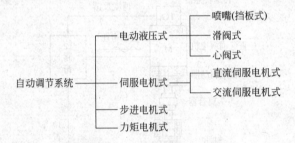

图 2-71　自动进给调节系统分类

　　自动进给调节系统的基本组成见图 2-72。

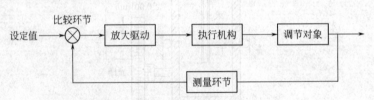

图 2-72　自动进给调节系统的基本组成

　　① 测量环节：得到放电间隙大小及变化的信号。

　　② 比较环节：根据"给定值"来调节进给速度。

　　③ 放大环节：把测量比较输出的信号放大使之具有足够的驱动功率，如晶体管放大器和电液压放大器。

　　④ 执行环节：根据放大环节输出的控制信号的大小及时地调整工具电极的进给，以保持合适的放电间隙，从而保证电火花加工正常进行。

　　在电液自动进给调节系统中，液压缸、活塞是执行机构。由于传动链短及液体的基本不可压缩性，因此传动链中无间隙、刚度大、不灵敏区小；又因为加工时进给速度很低，所以正、反向惯性很小，反应迅速，特别适合于电火花加工的低速进给，但它有漏油、油泵噪声大、占地面积较大等缺点。

　　图 2-73 所示为 DYT-2 型液压主轴头的喷嘴—挡板式电液自动进给调节系统。电动机 4 驱动叶片液压泵 3 从油箱中压出压力油，由溢流阀 2 保持恒定压力 P_0，经过滤油器 6 后分两路，一路进入下油腔，另一路经节流阀 7 进入上油腔。进入上油腔的压力油从喷嘴 8 与挡

板 12 的间隙中流回油箱，使上油腔的压力随此间隙的大小而变化。电-机械转换器 9 主要由动圈（控制线圈）10 与静圈（励磁线圈）11 等组成。动圈处在励磁线圈的磁路中，与挡板 12 连成一体。改变输入动圈的电流，可使挡板随动圈动作，从而改变挡板与喷嘴间的间隙。当放电间隙短路时，动圈两端电压为零，此时动圈不受电磁力的作用，挡板受弹簧力作于处于最高位置 I，喷嘴与挡板门开口为最大，使工作液流经喷嘴的流量为最大，上油腔的压力下降到最小值，致使上油腔压力小于下油腔压力，故活塞杆带动工具电极上升。当放电间隙开路时，动圈电压最大，挡板被磁力吸引下移到最低位置 III，喷嘴被封闭，上、下油腔压强相等，但因下油腔工作面积小于上油腔工作面积，活塞上的向下作用力大于向上作用力，活塞杆下降。当放电间隙最佳时，电动力使挡板处于平衡位置 II，活塞处于静止状态。

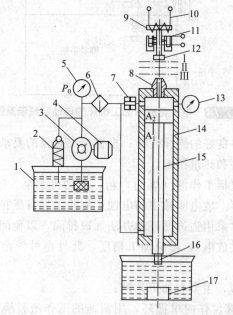

图 2-73 DYT-2 型液压主轴头的电液自动进给调节系统

1—油箱；2—溢流阀；3—叶片液压泵；4—电动机；5—压力表；6—过滤器；7—节流阀；
8—喷嘴；9—电-机械转换器；10—动圈；11—静圈；12—挡板；13—压力表；
14—液压缸；15—活塞；16—工具电极；17—工件电极

（3）传动系统

电火花成形加工机床的传动系统包括：工作台的纵横向移动（用于工件的安装和调整），主轴头座的升降（采用机动的方式，可以调节电极与工件之间的上下距离）。图 2-74 为电火花成形加工机床的传动系统示意图。

（4）数控系统

电火花加工数控机床有 X、Y、Z 三个坐标轴方向的移动和绕这三个坐标轴的转动。电火花机床数控系统有单轴数控系统和多轴数控系统。作为单轴数控系统，主要控制主轴的伺服进给运动，而多轴数控系统，可以实现工具电极和工件之间复杂的相对运动，如摇动，以满足各种模具的加工要求。

（5）工作液循环过滤装置

电火花加工一般是在液体介质中进行的。液体介质主要起绝缘作用，而液体介质的循环流动又起到排出电蚀产物和热量的作用。因此，工作液循环过滤系统的作用是：通过过滤使

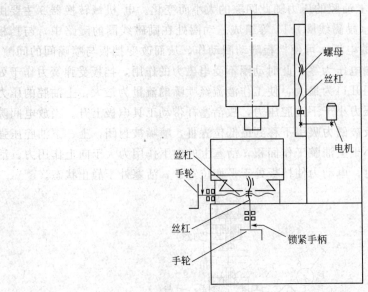

图 2-74 电火花成形加工机床的传动系统示意图

工作液始终保持清洁而具有良好的绝缘性能；根据加工对象的要求，采取适当的强迫循环方式，从加工区域把电蚀产物和热量排走。

　　工作液循环过滤系统包括工作液（煤油）箱、电动机、泵、过滤装置工作液槽、油杯、管道、阀门以及测量仪表等。放电间隙中的电蚀产物除了靠自然扩散、定期抬刀以及使工具电极附加振动等排除外，常采用强迫循环的办法加以排除，以免间隙中电蚀产物过多，引起已加工过的侧表面间"二次放电"，影响加工精度，此外也可带走一部分热量，对工件、工具电极降温。

　　工作液循环的方式很多，主要有如下几种。

　　① 非强迫循环 工作液仅作简单循环，用清洁的工作液替换脏的工作液。电蚀产物不能被强迫排除。

　　② 强迫冲油 将清洁的工作液强迫冲入放电间隙，工作液连同电蚀产物一起从电极侧面间隙中排出，又分为下冲油式和上冲油式，见图 2-75（a）、（b）。

　　③ 强迫抽油 将工作液连同电蚀产物经过电极的间隙和工件的待加工面被吸出，又分为下抽油式和上抽油式，见图 2-75（c）、（d）。

　　冲油是把经过过滤的清洁工作液经液压泵加压，强迫冲入电极与工件之间的放电间隙里，将放电蚀除的电蚀产物随同工作液一起从放电间隙中排除，以达到稳定加工。在加工时，冲油的压力可根据不同工件和几何形状及加工的深度随时改变，一般压力选在 0～200kPa。对不通孔加工，如图 2-75（b）和（d）所示，采用冲油的方法循环效果比抽油更简单，特别在型腔加工中大都采用这种方式，可以改善加工的稳定性。

　　图 2-76 为工作液循环系统油路图，它既能冲油又能抽油。其工作过程是：储油箱的工作液首先经过粗过滤器 1、单向阀 2 吸入液压泵 3，这时高压油经过不同形式的精过滤器 7 输向机床工作液槽，溢流安全阀 5 控制系统的压力不超过 400kPa，快速进油控制阀 10 供快速进油用，待油注满油箱时，可及时调节冲油选择阀 13，由压力调节阀 9 来控制工作液循环方式及压力，当阀 13 在冲油位置时，补油冲油都不通，这时油杯中油的压力由阀 9 控制。当阀 13 在抽油位置时，补油和抽油两路都通，这时压力工作液穿过射流抽吸管 12，利用流

体速度产生负压，达到抽油的目的。

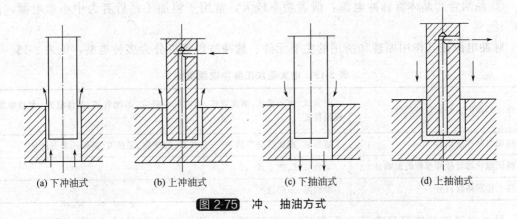

(a) 下冲油式
(b) 上冲油式
(c) 下抽油式
(d) 上抽油式

图 2-75 冲、抽油方式

12
8
冲油
补油
7
11
6
4
13
10
抽油
5
3
9
2
1

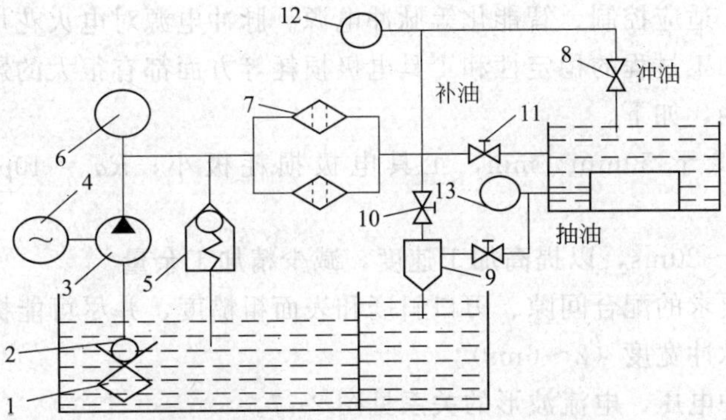

图 2-76 工作液循环系统油路图

1—粗过滤器；2—单向阀；3—液压泵；4—电机；5—溢流安全阀；6—压力表；7—精过滤器；8—冲油压力表；9—压力调节阀；10—快速进油控制阀；11—抽油压力表；12—射流抽吸管；13—冲油选择阀

工作液循环过滤装置的过滤对象主要是金属粉屑和高温分解出来的炭黑，其过滤方式和特点见表 2-14 。

表 2-14 过滤方式和特点

过滤方式	特点
介质过滤(木屑、黄沙、纸质、灯草芯、硅藻土泡沫塑料等)	结构简单,造价低,但使用时间短,耗油多
离心过滤	过滤效果较好,结构复杂,清渣较困难
静电过滤	结构较复杂,一般不采用,因电压高有安全问题,故用于小流量场合
自然沉淀过滤	适合大流量的油箱和油池

(6) 脉冲电源

脉冲电源又称脉冲发生器，其作用是把 220V 或 380V 的 50Hz 工频交流电转换成一定形式的单向脉冲电流，供给电极放电间隙产生火花所需要的能量来蚀除金属。

脉冲电源的性能直接关系到电火花加工的加工速度、表面质量、加工精度、工具电极损耗等工艺指标。

常用脉冲电源种类如下。

① RC 和 RLC 脉冲电源：非独立式，不可调。

② 晶闸管和晶体管脉冲电源：前者功率较大，常用于粗加工；后者为中小型电源，用途广泛。

脉冲电源按其作用原理和所用的主要元件、脉冲波形等可分为多种类型，见表 2-15。

表 2-15　电火花加工脉冲电源类型

按主回路中主要元件种类分	张弛式、电子管式、闸流管式、脉冲发电机式、晶闸管式、晶体管式、大功率集成器件式
按输出脉冲波形分	矩形波、梳状波分组脉冲、三角波形、阶梯波、正弦波、高低压复合脉冲
按间隙状态对脉冲参数的影响分	非独立式、独立式
按工作回路数目分	单回路、多回路

脉冲电源按功能可分为等电压脉宽（等频率）、等电流脉宽脉冲电源，以及模拟量、数字量、微机控制、适应控制、智能化等脉冲电源。脉冲电源对电火花加工的生产率、表面质量、加工精度、加工过程的稳定性和工具电极损耗等方面都有很大的影响。电火花加工一般分粗、中、精三挡，如下。

粗：生产率不低于 $50mm^3/min$，工具电极损耗极小，$Ra = 10\mu m$，脉宽 $t_i = 20 \sim 200ms$。

中：脉宽 $t_i = 6 \sim 20ms$，以提高加工速度，减少精加工余量。

精：保证模具要求的配合间隙、刃口斜度和表面粗糙度，并尽可能提高生产率，采用小电流、高频率、短脉冲宽度（$2 \sim 6ms$）。

脉冲参数与脉冲电压、电流波形的关系见图 2-77。

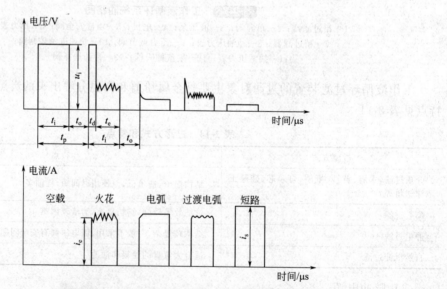

图 2-77　脉冲参数与脉冲电压、电流波形

t_i—脉冲宽度；t_o—脉冲间隔；t_e—放电时间（电流脉宽）；

t_d—击穿延时；t_p—脉冲周期

对脉冲电源的要求为：有较高的加工速度；工具电极损耗低；加工过程稳定性好；工艺范围广。

（7）工作台与工作油箱

工作台主要用来支承和装夹工件。在实际加工中，通过转动纵向丝杠来改变电极和工件的相对位置。工作台由台面、上拖板、下拖板等构成，采用镶钢滚子导轨，运动轻便、灵活、无间隙。工作台上装有工作液箱，用来盛装工作液，使电极和工作液浸泡在工作液中，起到冷却和排屑的作用。工作台与拖板间是绝缘的，以保证加工中的人身安全。

工作油箱固定在工作台上拖板上面，是一个带门的空箱结构，见图 2-78。松开搭扣可将油箱前门打开，以便进行工件的安装等操作。油箱前门与箱体间有耐油橡胶，以防止油箱体与油箱前门间漏油。工作油箱的左面有挡板，可用来控制液面的高度，在加工完成后，可提起挡板，使工作液快速流回油箱。

图 2-78　工作油箱位置

（8）工具电极

电火花加工用的工具是电火花放电时的电极之一，故称为工具电极，有时简称电极，见图 2-79。工具电极材料必须导电性能良好、电腐蚀困难、电极损耗小，并且具有足够的机械强度、加工稳定、效率高、材料来源丰富、价格便宜等。

在生产中，将工件接脉冲电源正极（工具电极接脉冲电源负极）的加工称为正极性加工，反之称为负极性加工。

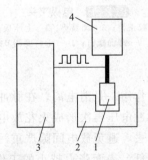

图 2-79　电火花加工的工具电极

1—工具电极；2—工件；3—脉冲电源；4—伺服进给装置

电火花成形加工中常用的电极材料有紫铜、石墨、黄铜、钢、铸铁等，其性能及应用特点如表 2-16 所示。

表 2-16 常用电极材料性能及特点

电极材料	性能			特点
	电加工稳定性	电极损耗	机械加工性能	
钢	较差	一般	好	应用比较广泛,模具穿孔加工时常用,电加工规范选择应注意加工稳定性,适用于"钢打钢"冷冲模加工
铸铁	一般	一般	好	制造容易,材料来源丰富,适合于复合式脉冲电源加工,最适合冷冲模加工
紫铜	好	一般	较差	材质质地细密,适应性广,特别适用于制密花纹模的电极,但机械加工比较困难
石墨	较好	较小	一般	材质抗高温,变形小,制造容易,质量轻,但材料容易脱落,掉渣,机械强度较差,容易折角
黄铜	好	较大	好	制造容易,特别适宜在中小电规准情况下加工,但电极损耗大
铜(银)钨合金	好	小	一般	价格较贵,在深长直臂、硬质合金穿孔时是理想的电极材料

图 2-80 为通用电极夹头,可以用于装夹小型工具电极。

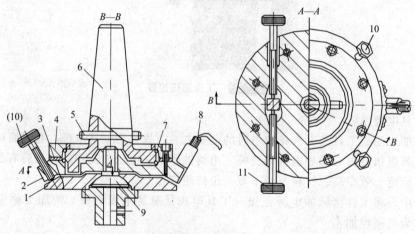

图 2-80 电极夹头

1—摆动法兰盘;2—调角校正架;3—调整垫;4—上压板;5—销钉;6—锥柄座;
7—滚珠;8—电源线;9—球面螺钉;10—垂直度调节螺钉;11—调节螺钉

(9) 工作液

电火花成形加工时,工作液的作用一是消电离,在脉冲间隔火花放电结束后尽快恢复放电间隙的绝缘状态,以便下一个脉冲电压再次形成火花放电。二是排除电蚀产物,使电蚀产物较易从放电间隙中悬浮、排泄出去,避免放电间隙严重污染,导致火花放电点不分散而形成有害的电弧放电。黏度和密度越低、表面张力越小的工作液,此项作用越强。三是冷却,降低工具电极和工件表面瞬时放电产生的局部高温,否则表面会因局部过热而产生结炭、烧伤并形成电弧放电。四是增加蚀除量,工作液还可压缩火花放电通道,增加通道中被压缩气体、等离子体的膨胀及爆炸力,从而抛出更多熔化和汽化了的金属。

要保证正常的加工,工作液应满具有较高的绝缘性,有较好的流动性和渗透能力,能进入窄小的放电间隙；能冷却电极和工作表面，把电蚀产物冷凝，扩散到放电间隙之外。此外还应对人体和设备无害，安全和价格低廉。

电火花成形加工中常用的工作液有如下几种。

① 油类有机化合物　以煤油最常见，在大的功率加工时常用机械油或在煤油中加入一定比例的机械油。其中煤油的黏度低，流动性和渗透性好，燃点低，而机械油的介电性能和黏度高，燃点高。

② 乳化液　成本低，配置简便，同时有补偿工具电极损耗的作用，且不腐蚀机床和零件。

③ 水　常用蒸馏水和去离子水，黏度低，流动性和渗透性好，燃点高。

2.4.4　电火花线切割加工原理

线切割加工是线电极电火花加工的简称，是电火花加工的一种。电火花线切割加工是利用金属丝（钼丝、钨钼丝）与工件构成的两个电极之间进行脉冲火花放电时产生的电腐蚀效应来对工件进行加工，以达到成形的目的。其基本原理如图 2-81 所示。被加工的工件作为阳极，钼丝作为阴极。脉冲电源发出一连串的脉冲电压，加到工件和钼丝上。钼丝与工件之间有足够的具有一定绝缘性的工作液。当钼丝与工件之间的距离小到一定程度时，在脉冲电压的作用下，工作液被电离击穿，在钼丝与工件之间形成瞬时的放电通道，产生瞬时高温，使金属局部熔化甚至汽化而被蚀除下来。若工作台带动工件不断进给，就能切割出所需的形状。

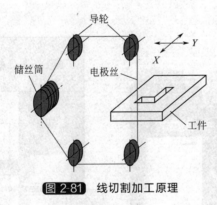

图 2-81　线切割加工原理

2.4.5　电火花线切割加工机床的类型

线切割加工机床按电极丝的走丝速度可以分为：快速走丝线切割机床和慢速走丝线切割机床两大类。

如图 2-82 所示的快速走丝线切割机床（WEDM-HS）的电极丝做高速往复运动，一般走丝速度为 8～10m/s。快速走丝线切割机床上运动的电极丝能够双向往返移动，重复使用，直至断丝为止。线电极材料常用直径为 0.10～0.30mm 的钼丝（有时也用钨丝或钨钼丝）。对小圆角或窄缝切割，也可采用直径为 0.6mm 的钼丝。工作液通常采用乳化液。快速走丝线切割机床结构简单、价格便宜、生产率高，但由于运行速度快，工作时机床振动较大。钼丝和导轮损耗快，加工精度和表面粗糙度不如慢速走丝线切割机床，其加工精度一般为 0.01～0.02mm，表面粗糙度 $Ra=1.25～2.5\mu m$。

如图 2-83 所示的慢速走丝线切割机床（WEDM-LS）的走丝速度低于 0.2m/s。常用黄铜丝（有时也采用紫铜、钨、钼和各种合金的涂覆线）作为电极丝，铜丝直径通常为0.10～0.35mm。电极丝仅从单一方向通过加工间隙，不重复使用，避免了因电极丝的损耗而降低加工精度。同时由于走丝速度慢，机床及电极丝的振动小，因此加工过程平稳，加工精度高，可达0.005mm，表面粗糙度$Ra \leqslant 0.32\mu m$。慢速走丝线切割机床的工作液一般采用去离子水、煤油等，生产率较高。慢速走丝机床主要由日本、瑞士等国生产，目前国内有少数企业引进国外先进技术与外企合作生产慢速走丝机床。

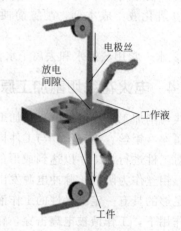

图 2-82 快速走丝线切割机床

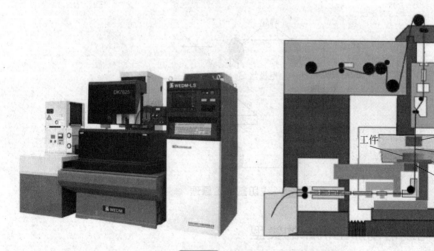

图 2-83 慢速走丝线切割机床

2.4.6 电火花线切割加工机床的组成

电火花线切割加工机床主要由机床本体、脉冲电源、控制系统、工作液循环系统和机床附件等几部分组成。

（1）机床本体

机床本体由床身、坐标工作台、运丝机构、丝架、工作液箱、附件和夹具等几部分组成。

① 机床床身　一般为铸件，是坐标工作台、绕丝机构及丝架的支承和固定基础。

② 坐标工作台　一般采用"十"字滑板、滚动导轨和丝杆传动副将电动机的旋转运动变为工作台的直线运动，通过两个坐标方向各自的进给移动，可合成获得各种平面图形曲线轨迹。

③ 走丝机构　使电极丝以一定的速度运动并保持一定的张力。

④ 锥度切割装置　为了切割落料角的冲模和某些有锥度的内外表面，有些线切割机床具有锥度切割功能。

（2）脉冲电源

线切割加工脉冲电源的脉宽较窄（$2\sim60\mu s$），单个脉冲能量、平均电流（$1\sim5A$）一般较小。

（3）控制系统

线切割控制系统的作用是按加工要求自动控制电极丝相对工件的运动轨迹，并且能够自动控制伺服进给速度，保持恒定的放电间隙，防止开路和短路，实现对工件的形状和尺寸加工。控制系统的具体功能一是轨迹控制，如靠模仿形控制、光电跟踪仿形控制、数字程序控制；二是加工控制。

（4）工作液循环系统

目前，快速走丝线切割工作液广泛采用的是乳化液，慢速走丝线切割机床采用的工作液是去离子水和煤油。工作液循环装置一般由工作液泵、液箱、过滤器、管道和流量控制阀等组成。对快速走丝机床，通常采用浇注式供液方式，而对慢速走丝机床，近年来有些采用浸泡式供液方式。

图 2-84 为 DK7725 型电火花线切割机床的外形图。

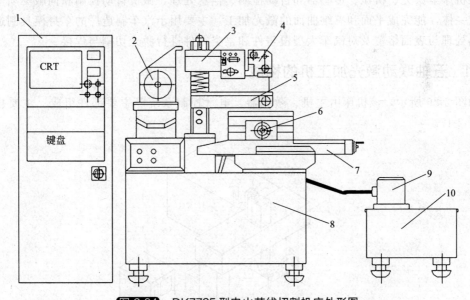

图 2-84　DK7725 型电火花线切割机床外形图
1—控制柜；2—储丝筒；3—上线架；4—导轮机构；5—下线架；
6—Y 轴拖板；7—X 轴拖板；8—床身；9—电机；10—工作液箱

DK7725 线切割机的导轮为双支撑结构。导轮居中，两端轴承支撑。运动稳定性及刚度好，不易发生变形及跳动。导轮组件固定在上下丝架的前端，其作用是支撑电极丝，带动电极丝实现 U、V 方向的平移，加工具有一定斜度的工件。见图 2-85。

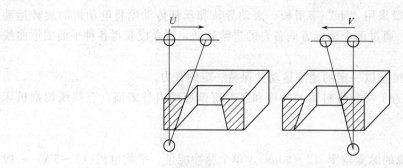

图 2-85　导轮平移、切割斜面示意图

2.4.7　电火花加工应用

① 电火花成形加工　电火花打孔常用于加工冷冲模、拉丝模、喷嘴、喷丝孔等。型腔加工包括锻模、压铸模、挤压模、塑料模等型腔加工，以及叶轮、叶片等曲面加工。

② 电火花线切割　广泛用于加工各种硬质合金和淬硬钢的冲模、样板、各种形状复杂的板类零件、窄缝、栅网等。

2.5　数控五轴联动激光加工机

该机床集激光、机械、传感器和自动检测、信息处理、微机自动控制和伺服驱动等多项技术于一体，能完成平面和三维曲面的激光加工。主要用于汽车制造厂的车身模具制造维修中的热处理与表面熔覆及对汽车大型覆盖件和梁类零件进行激光切割与焊接。

2.5.1　五轴联动激光加工机的构成

如图 2-86 所示，该机床由主机、激光器、电气控制系统等主要部件组成。主要技术参数见表 2-17。

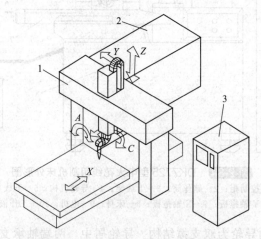

图 2-86　多用途数控五轴联动激光加工机

1—主机；2—激光器；3—电气控制系统

表 2-17 主要技术参数

工作台尺寸（长×宽）/mm		3000×1500
空间加工范围（长×宽×高）/mm		3000×1500×600
工作台最大承重/kg		10000
切割速度/(m/min)		0～5
快速移动速度	X 轴	8m/min
	Y 轴	
	Z 轴	
	A 轴	10r/min
	C 轴	
工作行程	X 轴	3000mm
	Y 轴	1500mm
	Z 轴	800mm
	A 轴	±90°
	C 轴	±270°
激光器功率/kW	高阶模	5
	低阶模	3
激光光束直径/mm	高阶模	$\phi37$
	低阶模	$\phi20$

2.5.2 工作原理

（1）平面与三维曲面的激光热处理和表面熔覆

由于热处理和熔覆的零件较重，一般直接装在工作台上，激光器输出可达 5kW、直径 $\phi37$mm 的高阶模激光束。如图 2-87 所示，激光束通过反射镜 1、2 进入 Y 轴方向，经过反射后沿 Z 轴方向传到反射镜 4 后，经聚焦头上的曲面反射镜 5 聚焦到工件 9 表面，聚焦光头保持垂直，沿 Y 轴移动，工作台 8 沿 X 轴可进行平面加工。如果加上 Z、C、A 轴的运动就能进行三维轴面的热处理与熔覆。

（2）激光切割与焊接

如图 2-87 所示，机床换上带聚焦透镜的聚焦光头，激光器输出可达 3kW、直径为 $\phi25$mm 的低价模激光光束，通过反射镜 6 反射、透镜 7 聚焦到工件表面，机床五轴联动则可进行三维曲面的切割与焊接。

（3）激光切割焦点位置自动测量与控制

为了保证激光切割的质量，通常要自动检测激光焦点的位置，且自动控制光头移动使焦点相对工作表面保持在一定位置上。本系统采用与数控系统一体化的测控结构，使控制精度

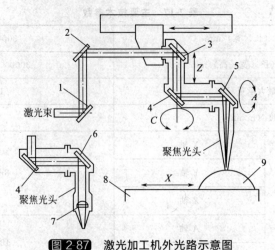

图 2-87 激光加工机外光路示意图

1~6—反射镜；7—透镜；8—工作台；9—工件

提高。

焦点位置自动控制是把机床的三个直线运动坐标轴作为执行机构，当自动检测装置测出焦点位置的变化时，数控系统立即控制 X、Y、Z 三个坐标轴做相应的移动，使焦点自动进行跟踪，始终保证其与工作表面的相对距离不变。

（4）三维曲面激光切割的示教录返

三维曲面的激光切割，由于被加工对象形状复杂，难以建立精确的数学模型，通常采用本系统具有的示教录返装置进行编程。加工前，操作人员先根据零件的工艺要求，在加工对象上画出加工轨迹。然后通过示教装置操纵各个坐标轴移动，使激光头的喷嘴按实际切割的需要，沿加工轨迹预走，找到若干个点，让数控系统记录这些示教点的空间坐标，再采用特殊的插补算法生成零件加工程序，使机床能按预定空间轨迹运动。

（5）CAD/CAM 软件系统

为了便于进行二维平面切割，机床还配备了 CAD/CAM 软件系统，具有图文设计、汉字矢量化处理、优化排样、NC 程序自动生成和加工过程仿真等功能。

2.5.3 系统组成

（1）机械传动系统

机械传动系统要求高精度、高速度、惯性小、运动平稳、工作可靠。这不仅是机械传动和结构本身的问题，而且应通过控制装置，使机械传动部分与伺服电机的动态性能相匹配。

对于伺服机械传动系统，应达到较高的机械固有频率、高刚度、合适的阻尼、线性的传递性能、小惯量等，这些都是保证伺服系统具有良好的伺服特性（精度、快速响应和稳定性）所必需的。

激光加工机的 X、Y、Z、A、C 五个数控轴的机械传动系统的设计是该机床设计的关键。X、Y、Z 三个直线运动轴行程均小于 4m，因此选择滚珠丝杠副传动。X、Y、Z 三个直线运动轴均采用直线滚动导轨副。C、A 两个转动轴选择蜗轮蜗杆传动。

传动机构输入轴与伺服电机可直接用弹性联轴器连接。

（2）电气控制系统

电气控制系统由五轴联动计算机数控（CNC）和伺服驱动单元、系统逻辑控制单元、激光焦点位置控制单元以及示教单元组成，如图 2-88 所示。

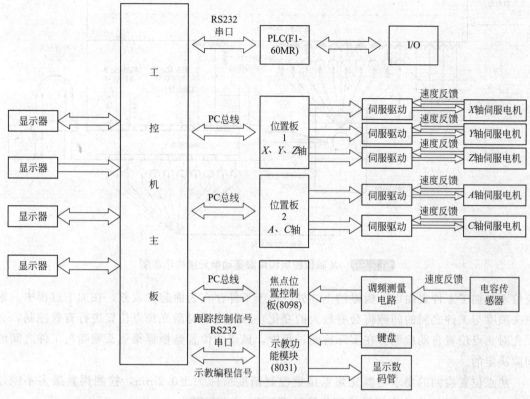

图 2-88　电气控制系统的构成

2.5.4　数控系统

CNC 系统是激光加工机的控制中枢，主要完成五轴联动的加工运动轨迹和各个单元的协调。CNC 软件采用模块化设计，结构化编程，便于维护与扩展。

① CNC 系统的基本硬件采用研华 AWS-860 一体化工业控制机，由 10 槽无源 PC 总线母板、基于 PC 总线的 PCA-6136 CPU 卡、ET4000 显示卡、10 英寸高分辨率彩色显示器、230W 开关电源和 PCD8931 电子盘卡及电子盘组成。

② 工业控制机通过 RS232 串行总线接口与 PLC 逻辑控制单元和示教单元相连；通过 PC 线与两块位置控制板相连。

③ CNC 系统的位置控制采用 Tecnology80 公司基于 PC 总线的位置控制板。外接的伺服驱动单元采用 Fagor 公司的交流伺服驱动器及伺服电机。位置控制板 1 控制 X、Y、Z 轴伺服驱动单元，位置控制板 2 控制 A、C 轴伺服驱动单元。图 2-89 为 X 轴位控板和伺服驱动单元接线示意，其余 Y、Z、A、C 数控驱动轴与此类似。

④ 系统的逻辑控制单元采用三菱公司的 F1-60MR 外装式 PLC，利用 PLC 的 I/O 口输入行程开关、压力继电器和工业控制机以及各单元的逻辑控制信号，输出控制电磁阀、指示灯以及各单元的逻辑动作。

2.5.5　检测系统

在激光切割加工中，为了使切口处获得最大的功率密度，保证切割质量，激光焦点一般

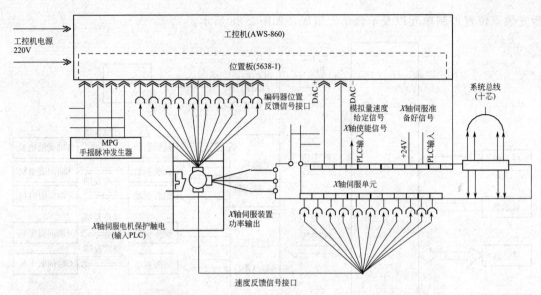

图 2-89　X 轴位控板和伺服驱动单元接线示意图

应位于被加工工件表面以下板厚约 1/3 处。由于工件存在表面起伏误差，在加工过程中，聚焦头喷嘴与工件之间的间隙将会有较大的变化，因此为了对激光焦点位置进行有效控制，必须先对焦点位置自动检测。在实际检测过程中，焦点的位置是根据聚焦头喷嘴与工件之间的间隙决定的。

焦点位置检测的要求是激光焦点位置控制精度指标为 ± 0.2mm，检测误差最多不能超过 ± 0.1mm。检测方法有接触式和非接触式两类。

（1）电容传感器非接触式检测电路

电容传感器可动测量电极与辅助气喷嘴采用一体化结构，见图 2-90。喷嘴安装于聚焦头端部，与机床的金属部分绝缘，并通过引线与测量电路相连。

两个极板间电容量为

$$C = \xi S / h$$

式中　ξ——空气介电常数（一般为 1）；

　　　S——极板相对有效面积；

　　　h——两极板间距离。

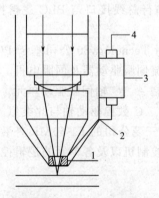

图 2-90　电容传感器原理

1—喷嘴传感器；2—引线；3—检测电器；4—传输电缆

上式所测到的电容正好反映两极板间距离 h。电容传感器的电容值十分微小，数量级一般在 $10^{-12} \sim 10^{-11}$F 之间，必须借助于测量电路和处理电路，将其转换为相应的电压、电流或频率信号，才能被微机控制系统接受。

电容传感器测量电路采用运算放大器式电路，如图 2-91 所示，利用一个标准的高频正弦信号 U_i，对由运算放大器构成的电容网络进行激励，经过整流后，得到电压输出 U_o。

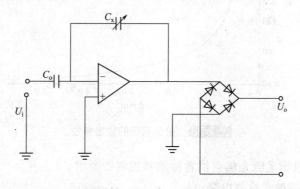

图 2-91 运算放大器测量电路

焦点位置检测系统采用如图 2-92 所示的数字外差式调频测量电路，其原理是将电容传感作为调频振荡器谐振电路的一部分，当因聚焦头喷嘴间隙发生变化引起电容量改变时，振荡频率也随着改变，振荡器的输出频率即可反映出聚焦头喷嘴与工件的实际间隙。

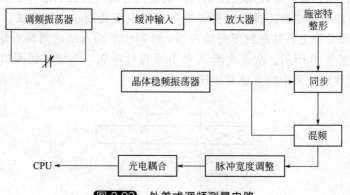

图 2-92 外差式调频测量电路

通过分析可以发现，在激光切割过程中，如果喷嘴传感器与工件发生接触，调频振荡器的输出频率极低，甚至停止振荡，经过数字混频后得一个频率很高的差频信号，超过了微机系统的频率采样范围，因此必须对数字差频信号进行限频和脉冲宽度调整，将最高频率限制在 50kHz 左右，并且脉冲宽度不少于 $0.2\mu s$，通过限频后的中频数字信号经过光电耦合器送入微机系统，由微机进行计数采样。经过实测，间隙与检测系统输出频率之间关系如图 2-93 所示。

可以看出，在间隙较大的区段，曲线较为平坦，只要能够保证在大间隙检测时有足够的检测分辨率，在整个检测范围内，分辨率是不成问题的。大间隙检测的分辨率可以进行如下估算：间隙 $\delta = 4.0$mm 时，频率 $f = 62$ kHz，而 $\delta = 3.0$mm 时，$f = 74$kHz，如果频率量采样时间为 5ms，计数精度为 0.5 脉冲（8098 方式），则采样值的一个数字量对应的位移量约为 0.008mm，可见电容非接触式检测系统即使在进行大间隙测量时，分辨率也高于

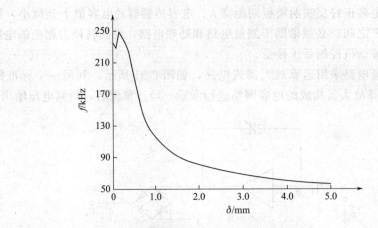

图 2-93　检测系统的输出特性

0.01mm，这完全可以满足激光焦点位置检测和控制的要求。

（2）差动变压器接触式检测电路

差动变压器将被测位移量转换为传感器的互感变化，使次级线圈感应电压也产生相应变化。由于传感器作成差动形式，故称为差动变压器。其结构形式较多，其中Ⅱ形或E形测量范围较窄，一般用于几微米至几百微米的机械位移测量；而螺管形差动变压器可测量1mm至上百毫米的位移范围，应用十分广泛。但由于是接触式检测，这种系统仅在平面切割的激光机床中使用。螺管形差动变压器按线圈排列方式可分为二段形、三段形和多段形几种，图 2-94 为三段形结构图。线圈由初级线圈户和次级线圈 A、B 组成，它们绕在由绝缘材料制成的圆柱形骨架上，并密封于壳体内部，线圈中心插入活动圆柱形铁芯 b。差动变压器的电气连接如图 2-95 所示。次级线圈 A 和 B 反极性串联，当初级线圈加上一定的交流电压 V_p 时，就会在次级线圈中产生感应电压 V_A 与 V_B。

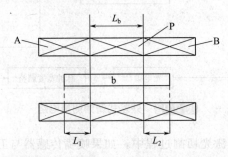

图 2-94　三段形螺线管差动变压器结构图

A，B—次级线圈；P—初级线圈；b—铁芯

$$V_A = K(2L_1 + L_b)L_1^2$$
$$V_B = K(2L_2 + L_b)L_2^2$$

式中　K——常数；

　L_1，L_2——铁芯伸入两次级线圈的长度；

　　L_b——初级线圈长度。

图 2-95 中 $V_S = V_A - V_B = k_1 x(1 - k_2 x^2)$，其中 $x = (L_1 - L_2)/2$ 为铁芯位移量，k_1 和 k_2 为常数，可见当 x 远小于铁芯长度时，$V_S \approx k_1 x$ 与铁芯的轴向位移成比例。

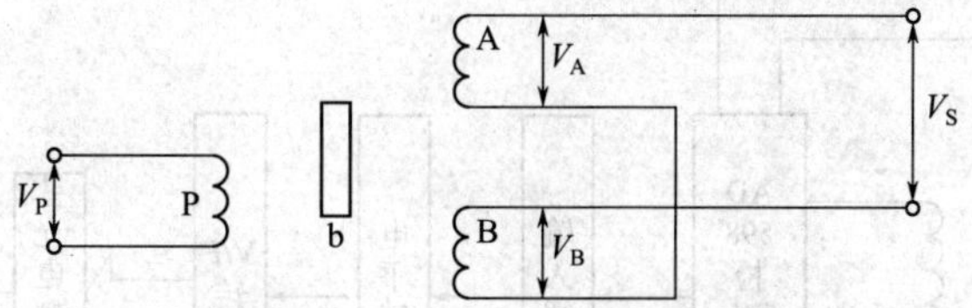

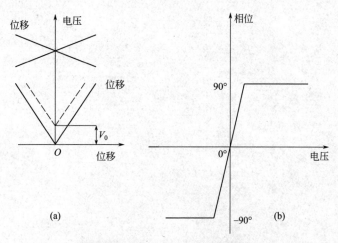

图 2-95　差动变压器电气连接图

当铁芯处于中心位置时，$V_A = V_B$，则 $V_S = 0$；当铁芯朝 A 运动时，$V_A > V_B$；反之 $V_A < V_B$。随着铁芯偏离中心位置，V_S 逐渐加大。这样差动变压器通过 V_A 和 V_B 的变化反映出铁芯位移的变化。

当铁芯位置由中心向上或向下移动时，V_S 的相位变化为 180°，如图 2-96（b）所示，在理想条件下，铁芯在中心平衡位置时 V_S 为零，实际上由于制造及外界原因，V_S 并不为零，而是为 V_0，称之为零位电压。实际的差动变压器输出特性曲线如图 2-96（a）中虚线所示，因传感器精度不同，零位电压通常为零点几毫伏到几十毫伏不等，其基波相位与 V_S 差 90°，同时还含有二次、三次为主的谐波成分。零位电位传感器输出特性在零位附近不灵敏，输出信号不准确。如果采用补偿方法则有可能对输出电度和相位有影响，需从原理上采取措施予以解决。

图 2-96　差动变压器输出特性曲线

由于激光头与工件间隙一般在 0.8～3mm 之间，为提高线性度，传感器检测范围应留有余量，故选择名义量程为 ±10mm，实际只用到了 ±2.5mm。为保证导杆能与工件时刻保持紧密接触而不留机械间隙，并且运动起来伸缩自如而不致卡死，选择铁芯通过复位弹簧与壳体体相连的导向回弹式结构。其基本参数为基本误差限 ±0.1%，线性度误差 ±0.1%，回差 0.04%，重复误差 0.04%。

图 2-97 中 AD598 为新型差动变压器信号处理芯片，输出为 ±5V 直流电压，它经过 LM310 射极跟随器隔离后将首先由测量放大器 AD620 进行电平转换为 0～10V 输出，以满足后续电压/频率转换芯片 AD654 的输入要求。AD654 将此范围电压转换为与电压成比例变化的 0～160kHz 的方波信号，通过 6N137 光电隔离器进入 8098 单片机的计数脉冲输入口。

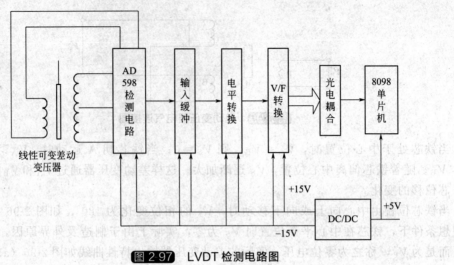

图 2.97 LVDT 检测电路图

第3章

测量仪器产品实例

3.1 活塞外轮廓测量仪

　　活塞是内燃机实现能量转换的重要部件之一，其形状及加工精度直接影响内燃机的运行可靠性及输出功率。活塞的横截面形状及活塞头部与裙部的形线是活塞的重要设计参数，因此活塞型面的测量是十分重要的。

　　该活塞外轮廓测量仪可自动测量活塞外轮廓形线、椭圆度、大径偏角的精密仪器，具有测量精度高、操作简便、稳定可靠、对环境适应性强等特点。该活塞外轮廓测量仪的纵向分辨率：0.1mm；角度分辨率：0.5°；传感器分辨率：0.05μm；传感器精度：±0.001mm；椭圆度重复测量方差＜0.002mm。

3.1.1 系统原理与构成

　　活塞外轮廓测量仪主要测量活塞横截面椭圆度和活塞头部与裙部形线的锥度。椭圆度是指活塞横截面椭圆长轴与短轴之差；锥度是指活塞长轴方向纵截面中底部与头部直径之差。

　　活塞外轮廓测量仪的工作原理如图 3-1 所示，在测量过程中，如要测量活塞横截面椭圆数据时，调整测量架的高度，使测头对准所测截面，计算机控制步进电机1带动回转工作台转动，光电测长仪将测得的数据传给计算机，从而得到活塞横截面的椭圆度和大径偏角测量数据；当要测量活塞纵向形线数据时，回转工作台不动，步进电机2通过丝杠转动带动测量架沿工件纵向行进，从而得到活塞纵向形线数据。计算机分别对这两组数据进行处理，然后将处理结果以数据或图形的形式在屏幕上显示，也可送打印机打印或存入磁盘保存，需要时可随时调出。

3.1.2 硬件系统

　　活塞外轮廓测量仪硬件部分包括：机械结构、计算机、传感器及控制部分等。

　　（1）机械结构

　　活塞外轮廓测量仪的机械部分主要由回转工作台、立柱、测量架、工作台等组成。

　　① 回转工作台　其性能直接影响测量仪的测量精度和工作性能，是测量的关键部件，

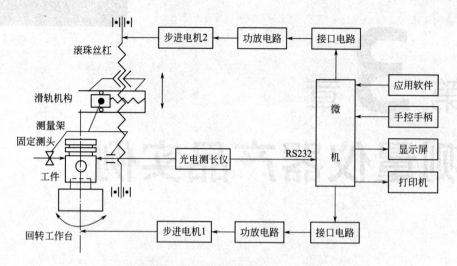

图3-1 活塞外轮廓测量仪工作原理

其作用是带动被测零件进行精密分度和做精确灵活的旋转运动。

回转工作台要求回转精度高，系统刚性好，振动少，耐磨，发热少，装配、调试及更换方便，所以回转工作台采用高精度的滑动轴承。

② 立柱　是形线测量时的关键部件，它的作用是电机通过丝杠带动测头架沿导轨方向转动，从而使传感器、测量架沿工件纵向型面的母线上下移动，完成活塞形线的测量。立柱的传动件和支承件分别采用高精度的滚珠丝杠和滚动导轨以保证上下运动的精度。

③ 测量架　将导轨上的滑块与丝杠螺母连接在一起，使装在上面的浮动式的双测头装置及传感器能够灵活运动。

双测头装置与测量架之间采用滚动滑轨机构，以实现双测头的运动，其机构简图见图3-2。

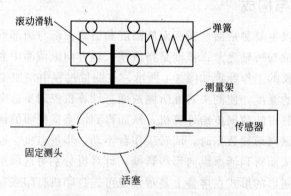

图3-2 双测头单传感器机构示意图

④ 工作台　主要用于被测活塞的放置与定位。活塞以止口定位，由于不同活塞的止口不同，因此测量仪配备有止口胎系列，与被测活塞配套使用。

（2）传感器

测量仪的传感器采用一种新型数字化通用测量仪——光电测长仪，它除有传感器外，还带有数显表。其量程为10mm，分辨率达$0.05\mu m$，满量程绝对误差$<\pm1\mu m$，性能稳定，

无零漂，对工作环境无特殊要求，使用时如同千分表，调整非常方便。光电测长仪与计算机采用 RS232 串行通信，通信口为 COM2，直接将测量数据传给计算机。

光电测长仪由光电传感器（光电测头）及光栅数显表两部分组成，光电测长仪的结构及工作原理如图 3-3 所示。将有关的光学及精密机械零件封装在一个壳体内形成光电测头，其外形像千分表，安装使用方法也几乎与千分表一样。活动框架的中央装有主光栅，框架的两端通过精密配合各连接一根小轴，轴线严格重合（达微米量级）。敏感元件的布局完全符合阿贝原则，因而保证了测量精度很高。

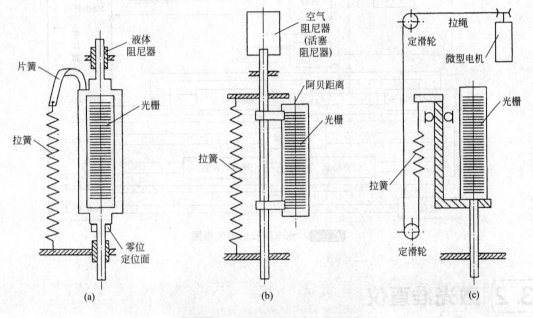

图 3-3 光电测长仪结构工作原理

在主光栅背后安装了一套光学照明系统，前面装有一块指示光栅对着四个光敏元件。测量时，被测零件通过下端小轴末端的触头使光栅沿着小轴的轴线运动，四个光敏元件分别送出四列正弦信号，相位互相差 90°，经过电缆传送到数显表。数显表的核心元件是超大规模集成电路的单片微机。四路光电信号分别经过运算放大器、整形电路、微分电路和辨向电路进行可逆计数，同时光电信号经过 A/D 变换送入单片机，进行相位运算，求出莫尔条纹的细分数值，莫尔条纹的整数与分数组合在一起，乘以光栅常数，便构成实际测量值，通过数码管显示在面板上或通过 RS232 直接将测量数据传给计算机处理。

（3）控制部分

计算机控制部分包括计算机、控制接口板、步进电机驱动器、电源等。它一方面控制整个测量系统的运动，另一方面用来处理传感器的测量数据。

控制接口板是连接计算机与外部器件的交接部分，通过计算机的扩展槽实现与计算机之间的数据、状态和信息的交换。在本系统中，主要接收计算机发出的电机控制信号，同时把电机的工作状态送回计算机。接口板采用 8255 可编程并行口，信号输出全部经过光电隔离。

步进电机驱动器需要输入的信号有方向信号、脉冲信号和脱机信号。光电测长仪电气框图见图 3-4。

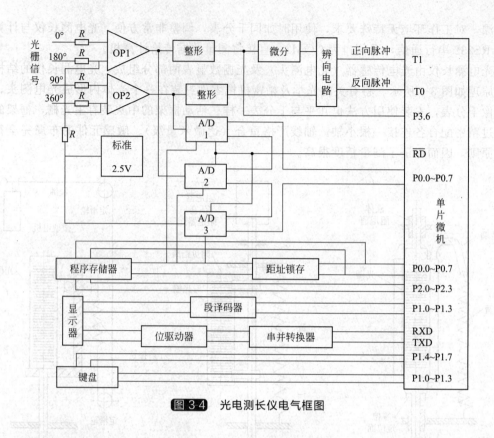

图 3-4 光电测长仪电气框图

3.2 激光准直仪

3.2.1 激光准直原理

由激光器发出一束激光，用望远镜系统使光束在不同距离上聚焦或使光束截面直径为 10mm 左右，近似平行。它的亮度分布对中心而言是对称的，可用诸如四象限光电探测器来寻找光束中心，该中心的轨迹为一直线。利用这条光束作为准直和测量的基准线，在需要准直的点上用光电探测器接收激光，如图 3-5 所示。四象限光电探测器固定在被准直的工件上，当激光束照射至四块光电池上时，产生电压 $U_1 \sim U_4$。利用两对角象限（1 和 3）与（2 和 4）的差值决定光束中心的位置。若激光束中心和探测器中心重合时，由于四块光电池接收相同的光能量，这时指示电表指零；当激光束中心与探测器中心有偏离时，特有偏差信号 U_x 和 U_y。$U_x = U_2 - U_4$，$U_y = U_1 - U_3$，其大小和方向由电表指示。这个方法比用人眼通过望远镜瞄准方便，精度也有提高。但其准直精度受激光束本身的特性限制。若要得到很高的准直精度，则应使激光束具有高度的稳定性，以及要求激光束任意截面上的强度分布有稳定的中心。

3.2.2 激光准直仪的组成

激光准直仪主要由激光发射器、扩束望远镜、光电接收靶及其他辅助装置组成，如图 3-6 所示。激光束由氦氖激光器产生，经扩束望远镜射出一定直径的可见平行光束，光束横截面上光能的分布近似于正态分布，每个截面上能量分布中心的连线构成一条理想直线，利用这一理想直线作为准直测量的基准线。

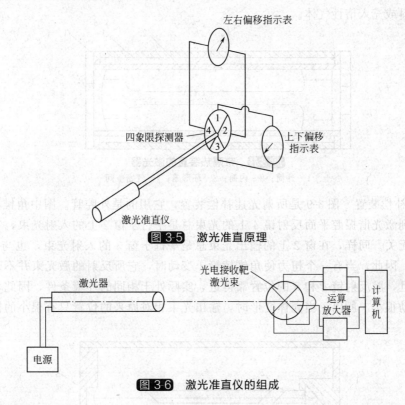

图 3-5　激光准直原理

图 3-6　激光准直仪的组成

（1）激光器

目前，仍有不少激光准直仪采用单横模（TEM_0）输出的 He-Ne 激光器，其功率约 $1\sim2mW$，波长 632.8nm。对这种激光器的要求主要是光束方向的漂移要尽可能小，因为激光束的漂移将直接导致准直误差。为了提高准直精度，在激光器装置上可采取以下一些减少光束漂移的措施。

① 热稳定装置　如图 3-7 所示。在激光器外壳 1 外面放一个波形管 2，其作用是与激光器外表面保持良好的接触。波形管采用导热性较好的金属材料，如不锈钢或磷青铜。波形管的周围填充有低热导率和高比热容的绝缘材料 3，例如颗粒状的氧化镁。在氧化镁的外面是由导热较好的材料制成的套筒 4。两端用绝热材料环将波形管与套筒之间的绝热材料封闭住。整个装置的作用是使激光器沿长度方向的温度梯度减少，而使装置工作温度维持较低的温度，从而减少变形。

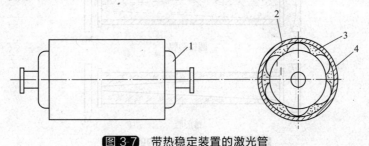

图 3-7　带热稳定装置的激光管

1—激光器外壳；2—波形管；3—绝缘材料；4—套筒

② 隔热装置 这种装置制成双层段钢外壳，如图 3-8 所示，包括外筒 1 和内筒 2，都不钻通风孔，在壳体的两端固定有环形盖 3。外筒 1 和内筒 2 之间有一个气密空间 4，可留空、填上绝缘材料或充入惰性气体。

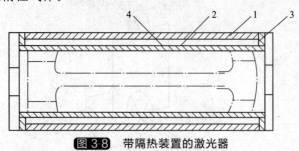

图 3-8 带隔热装置的激光器

1—外筒；2—内筒；3—环形盖；4—气密空间

③ 光束补偿装置 图 3-9 是所谓光速补偿装置，它用的是外腔管。图中角锥棱镜 1 的作用是使反射到激光谐振腔平面反射镜 4 上的光束总是平行于窗 2 上的入射光束，它与角锥棱镜 1 的变动无关。同样，在窗 2 上的输出光束总是平行于窗 3 的入射光束，也与角锥棱镜 1 的变动无关。因此，当有一个扭力使角锥棱镜 1 变动时，它所反射的激光束并不改变它原来的路程。而且，腔反射镜 4 和 5 的位置靠得近，实际处于相同的环境条件，因此，两个面之间的相对运动很小。所以，当壳体变形时，输出光束相对原来的位置只有很小的横向位移和角偏移。

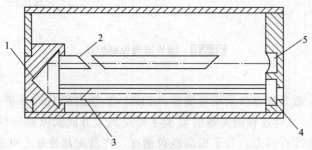

图 3-9 带光束补偿装置的激光器

1—角锥棱镜；2，3—腔反射镜；4，5—窗

④ 改进腔体结构 如图 3-10 所示，锥形腔代替圆柱形腔可提高输出功率，且光束稳定性好。因为圆柱形腔内有用部分主要是圆锥形的，而无用部分易使光束在管子内游荡，影响光束的稳定性。

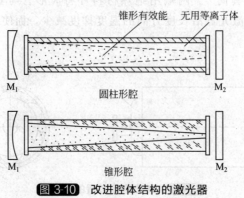

图 3-10 改进腔体结构的激光器

⑤ 增加毛细管的刚度　用氧化铝陶瓷制作毛细管或在玻璃毛细管上涂上一层陶瓷，可以增加毛细管的刚度，减少漂移约 30％。

（2）光学系统

激光器出射的是高斯光束，有一定发散角。为了进一步改善光束的方向性，需加一个光学系统。在激光准直仪中，将望远镜倒置使用，可以缩小光束的发散角。例如望远镜的角放大率为 10 倍，原来发散角为 1mrad 的激光束，经望远镜后其发散角缩小为 0.1mrad，而光束孔径增大 10 倍。

在激光准直仪中常采用开普勒形式的倒置望远镜。如图 3-11 所示，在视场光栏位置上（也就是物镜的像方焦点和目镜的物方焦点的重合点上）加一个中间滤波器（小孔光阑 S）以消除杂散光，改善准直光束的质量。光阑的直径在 8μm～0.01mm 左右。当加上空间滤波器后，输出光束的质量将有很大改善。激光斑中的干涉环和斑点基本消除，有利于提高仪器的对准精度。

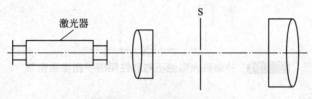

图 3-11　开普勒倒置望远镜

这种形式的望远镜镜筒较长，为适应某些使用上的要求，需要尽量缩短镜筒。这时，可考虑改用内调焦形式的倒置望远镜。由于增加调焦镜，会在一定程度上增加反射杂散光和光能吸收。但它具有镜筒短、体积小的优点。

半导体激光器的发散角较大，常用一准直物镜（如双胶合物镜）将其束散角压缩至 3.57mrad。有的准直仪中还采用角锥棱镜组成的自准光路，如图 3-12 所示。

图 3-12　带角锥棱镜的自准光路

（3）光电探测器及运算电路

在准直仪中广泛应用四象限光电器件以探测光束的中心位置。最常用的是硅光电池，它是用四个扇形的硅光电池组成，也有的是一片整的硅光电池正交切开 N 层或 P 层，形成具有公共基底的四象限，如图 3-13 所示。

四象限探测器中每片硅光电池的转换效率应该一致，它们之间的相对位置亦准确。光电探测器一般排成对角线形式。1、3 两片探测垂直方向，2、4 探测水平方向。为了补偿对角方向上两片硅光电池的不对称性。可采用平衡电阻来调节，如图 3-14 所示。

3.2.3　激光准直的应用

激光准直可用在各种工业中，其中以大型机床、飞机制造、造船等方面的应用最为典

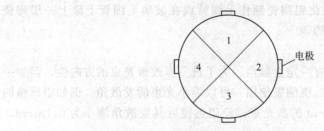

图 3-13　四象限硅光电池

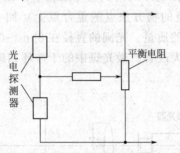

图 3-14　补偿硅光电池不对称性用的平衡电阻电路

型，下面举几个例子。

（1）直线度测量

如图 3-15 所示，将激光准自仪固定在机床床身上或放在床身外。在拖板上固定四象限光电探测器。测量时，先将激光束调到与被测机床导轨大体平行，再将四象限探测器对准光束。若测量机床拖板运动的直线度，则可将四象限的信号放大后输入记录器直接记录直线度的曲线。若测量导轨直线度，则可分段进行测量，读出每个测量点相对于激光束的偏差值。

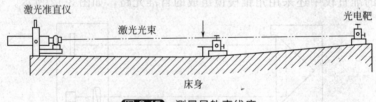

图 3-15　测量导轨直线度

在测量直线度时，激光准直仪相比自准直仪有如下优点。

①测量的读数是被测点相对激光束的偏移量，因此测量结果无需进行数学处理。这方便了测量工作的进行，并且比较直观，尤其用在机床导轨的调整和安装更显优越。

②在测量机床导轨直线度误差时，可同时测垂直和水平方向，因而大大提高了工效。

③由于采用光电转换，所以容易实现自动化测量，并能测量机床的运动误差。

④用普通自准直仪测长轨时，光能损失较大，因而成像不够清晰，但激光能量强，适合于长导轨测量。

（2）同轴度测量

原有的机械同轴度检测方法是利用百分尺、千分表及测隙规，配合估计和试错法进行测量。这些方法耗时繁复，仅能达到 0.01mm 的分辨率，难以满足精密机械同轴对中工作的要求。

大型柴油机轴承孔的同轴度，以及轮船轴系同轴度的测量均可用激光准直仪和定心靶来进行。如图 3-16 所示，在轴承座 1 两端的轴承孔中各置一定心靶 2，调整激光准直仪 3 使其光束通过两定心靶的中心，即建立了直线度基准。再将测量靶依次放入各轴承孔测量靶中心相对于直线度基准的偏移值，并可由电表指示。

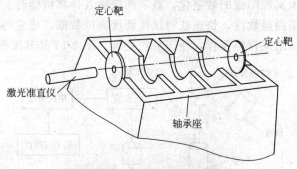

图 3-16 测量轴系工件同轴度

（3）用激光准直系统控制镗直孔

用激光准直系统控制镗 125mm 炮筒内孔如图 3-17 所示。炮筒锻件装在镗孔车床上，将镗杆移向旋转的炮筒。镗杆的结构如图 3-18 所示，激光束穿过通孔，与车床的旋转中心共线。四象限探测器装在镗头上，使镗杆在前进过程中保持一直线。当镗头偏离中心时，误差信号驱动液压伺服阀，该阀控制两个推力台使镗头回到中心位置。

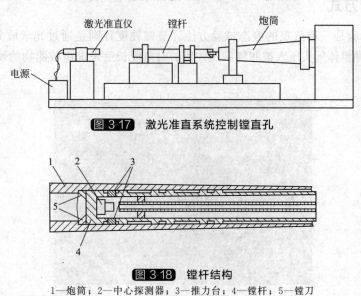

图 3-17 激光准直系统控制镗直孔

图 3-18 镗杆结构

1—炮筒；2—中心探测器；3—推力台；4—镗杆；5—镗刀

3.3 数字显微硬度计

数字显微硬度计是一种精密机械光学系统和电子部分组成的材料硬度的测定仪器，它既能单独测定硬度，也能作金相显微镜使用，观察和拍摄材料的显微组织，并测定其金相组织的显微硬度。

3.3.1 数字显微硬度计的构成

数字显微硬度计是在现有显微硬度计的基础上，配置数字摄像部件，视频信号通过与计算机匹配的图像捕捉卡实现图像的数字化，数字图像输入计算机储存、远程传输、打印输出等。设计编制实时数据测量软件，快速获得试样硬度测试数据，建立与测试软件相连的数据库。对测试参数与测试结果存档保存，便于分析处理。图 3-19 是其工作原理图。

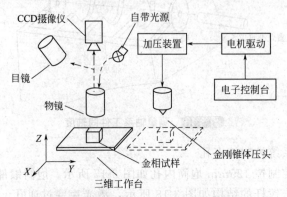

图 3-19 数字显微硬度计工作原理示意图

3.3.2 工作方式

显微硬度试验是一种微观的静态试验方法，显微硬度计则是通过光学放大，测出在一定负荷下由金刚钻角锥体压头压入被测物后所残留的对角线长度来求出被测物的硬度，见图 3-20，其基本步骤如下。

图 3-20 硬度测量

① 由于显微物镜位置和焦距都是固定的，故调焦是采取工作台上升，调整金相试样与物镜的相对位置（Z 轴方向）来进行。

② 调整纵横（X、Y 轴方向）位置，在视场里找出试样的需测部位。

③ 粗调整 X 轴位置，使选用的测试部位正好移到金刚石锥体压头下，然后按试验压力参数进行压痕。

④ 微调整 X 轴位置，返回物镜下的位置，进行观察、测量、计算。

3.3.3 控制系统

控制系统硬件组成如图 3-21 所示，电机控制卡 DMC204 直接插在 PC 总线插槽上，它可提供步进电机的高性能控制，提供功能强大的 C 函数运动库 Windows 动态链接库，可实时提供每轴的相对/绝对位置信息、运动中可变速度、加速度和减速度等。步进电机采用两相混合式，其体积小，具有较大的静转矩，由于具有保持力矩，断电时运动轴也不易产生位移。

Z 轴步进电机通过传动比为 8 的蜗杆副与微调焦手轮相连，手轮转一圈，升降轴（Z 轴）移动 0.75mm，步进角度为 $1.8° \pm 5\%$，步进电机脉冲当量为 $0.47\mu\text{m/P}$，满足调焦精度要求，X 轴和 Y 轴方向的步进电机脉冲当量为 $5\mu\text{m/P}$。

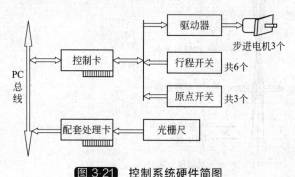

图 3-21 控制系统硬件简图

光栅尺用于工作台位于原点位置时，通过 Z 轴上升来测量放在指定测量点的试样的高度（图 3-22），作用是在物镜下拍摄金相图时确定工作台上升的极限位置（以免碰坏物镜）。

PC 机通过界面软件，调用 DMC204 的运动库函数，运动控制由 DMC204 控制板处理，再由驱动器驱动步进电机。该板控制多个运动轴以独立的形式进行点位运动、连续运动和回原点运动，它的多轴插补函数能以指定的矢量速度执行线形、圆弧、椭圆和插补运动。

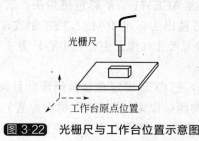

图 3-22 光栅尺与工作台位置示意图

3.3.4 硬件部分

（1）基本光路

为实现显微硬度计数字化，CCD 的安装位置有两种方式：一种是把 CCD 摄像头安装在目镜后面，但此时目镜出射的是平行光，所以摄像头必须要附加成像透镜，把出射的平行光在 CCD 靶面上成像；另一种方法是显微压痕经物镜放大后，直接成像在 CCD 靶面上。前者可以通过使用不同的镜头，对放大率进行放大或缩小（根据视场角要求而定），而后者结构简单、紧凑，有诸多优点，其光路示意图见图 3-23，压痕位于物镜前焦面之外，经物镜成一实像，CCD 靶面与像平面重合。

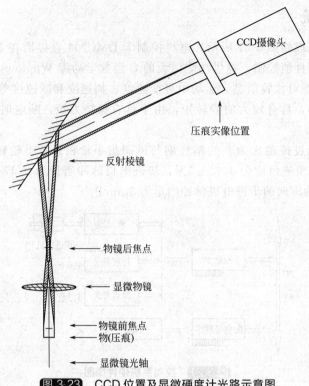

CCD摄像头

压痕实像位置

反射棱镜

物镜后焦点

显微物镜

物镜前焦点
物(压痕)

显微镜光轴

图3-23 CCD位置及显微硬度计光路示意图

（2）CCD摄像头

CCD是电耦合器件，它由 $N \times M$ 个能够将光转换为电荷的光敏元列阵组成，并通过集成的外围处理电路实现电子扫描与多路传输，将光学图像在各光敏元上感光的电信号以标准信号制式输出，实际上是把光学图像"分割"成为 $N \times M$ 个单元。

数字显微硬度计的 CCD 为 ACE571 1/3″ 彩色摄像头，其基本参数为：有效像元数 41 万；感光灵敏度 0.8Lux，信号输出为标准 PAL/NTSC 制式；靶面尺寸 $4.4\mathrm{mm} \times 3.6\mathrm{mm}$，光敏元列阵 740×555；各光敏元尺寸（像元中心到中心）为 $6.5 \times 6.5 \mu \mathrm{m}^2$。

（3）摄像头机械调节

设计加工的机械接口配件，把 CCD 固定在显微硬度计目镜位置，使物镜放大的实像成像于 CCD 靶面上。因考虑到物距、像距（即 CCD 靶面位置）、放大率之间存在相互联系，所以在设计机械接口时，必须使 CCD 靶面上下有调节机构，同时为方便最终统调，还需使 CCD 在平面内可微调。具体地，在 CCD 摄像头标准的 CS 接口上接一套筒，套筒与目镜管滑动配合，使之可以利用原光路定位，滑动可以调节 CCD 靶面位置。固定 CCD 的固定架带有调节机构，以满足上述要求。

（4）图像采集卡

图像采集卡将摄像头得到标准电视 PAL 制式的模拟图像信号转换为数字信号，是实现摄像头和计算机之间的接口。选用的采集卡是 Aver-EZ 动静态图像采集卡，静态采集分辨率 640×480，动态为 320×240，15 帧/秒，PAL/NTSC 制式 AV 输入。由于选用的是动静态图像采集卡与 AV 输入端口，所以既可以以高的分辨率采集静态图像，又可以制作数字化的动态图像。采集卡操作界面为图视界面，对采集的图像以 JPG、BMP、AVI 等常见文件格式存盘保存。

3.3.5 功能测试软件及数据库

功能测试软件以 VB 作为编程工具，全可视操作界面，功能齐全、使用方便，并连接数据库，测试结果与测试条件存入数据库。

图 3-24 是软件流程图，测试过程为：读入图像；测出压痕对角线距离；定标；算出 HV。

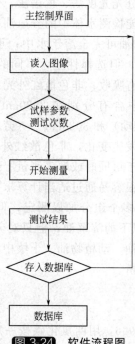

图 3-24 软件流程图

对压痕图像测试过程中，实时显示两取样点的连线，使测量取点情况一目了然。另外，可设置多次测试取平均值，以消除偶然误差。多次测量的测试取样点以不同颜色连线实时显示，便于对结果的分析讨论。

本系统的数据库为关系型数据库，对试样测试参数、测试结果、图像建档保存，并可以多种途径查询，使用非常方便。

内置的材料素材数据库包含：HV 与其他硬度间的关系；HV 与强度间的关系；常用机械零件对应的硬度；某一硬度范围内对应的不同材料；相同材料经不同热处理后对应的硬度。

该测试软件与数据库的建立，为材料性能分析研究、数据查询提供了方便的手段，并有利于建立自己的数据档案。数据库的实施框图见图 3-25。

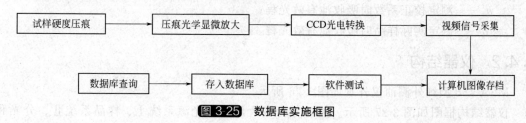

图 3-25 数据库实施框图

3.4 红外测油仪

随着矿物燃料的大量开采和广泛使用，矿物油对水体和环境的污染已成为一个全球关注的问题，矿物油污染（特别是水体污染）监测问题已引起各国环保部门的高度重视。各种检测矿物油的仪器和方法也相继问世，其中包括：浊度法、超声法、光散射法、重量法、紫外吸收法、非色散红外光度法、红外分光光度法、色谱法、荧光光度法等。

浊度法、超声法、光散射法只能检测水体中的分散油，检测不出溶解于水中的低浓度石油烃，而浓度在 1mg/L 以下的矿物油可完全溶于水中；重量法不够灵敏，并会造成低沸点烷烃的损失；紫外吸收法虽然灵敏，但选择性差，不同的油组分在不同波长处有吸收极大值，而许多其他有机物在紫外区也有吸收；非色散红外光度法也存在类似问题，由于矿物油成分（烷烃、环烷烃和芳香烃）中含有分别在 $2930cm^{-1}$（—CH_2 中 C—H 伸缩振动）、$2960cm^{-1}$（—CH_3 中 C—H 伸缩振动）和 $3030cm^{-1}$（芳环中 C—H 伸缩振动）处有吸收带的不同组分。若这些组分的相对值发生变化，非色散红外光度法只在某一波长处进行测量，显然难以测准；红外分光光度法由于可同时或顺序测量上述三个波长处的吸光度在这三个波长处几乎没有其他物质产生干扰，很容易通过适当计算求得矿物油的总浓度，因而可以避免上述一些方法的缺点；色谱法可对多个组分加以测定，但费时、费事；荧光光度法灵敏度高，甚至可以直接检测出 1mg/L 以下的溶解油，但只对芳烃有效，且容易受其他荧光物质干扰。红外测油仪适用于水中矿物油、动植物油、土壤中油、油烟中油、半导体器件表面和各种工业产品表面残留油的定量分析。

3.4.1 测量原理

根据国家标准 GB/T 16488—1996，用四氯化碳按一定的富集比（E）萃取水中的油类物质，萃取液按一定稀释比（D）定容后直接检测，可得到水中的总含油量。萃取液通过硅酸镁吸附，分离除去极性动植物油类物质，按一定稀释比（D）定容后进行检测，可得到水中石油类物质的含量。总含油量与石油类物质含量之差为水中动植物油的含量。测量被测溶液在 $2930cm^{-1}$、$2960cm^{-1}$、$3030cm^{-1}$ 处的吸光度 A_{2930}、A_{2960}、A_{3030}，根据以下公式计算出相应的油含量：

$$C_Z = [XA_{2930} + YA_{2960} + Z(A_{3030} - A_{2930}/F)]Db'/(Eb)$$

式中　C_Z——总含油量；

X，Y，Z——与各种 C—H 键吸光度相对应的系数；

　　　F——脂肪烃对芳香烃影响的校正因子；

　　　D——萃取溶液定容稀释比；

　　　E——萃取富集比（水相与有机相四氯化碳体积比）；

　　　b'——测定校正系数时吸收池有效光程；

　　　b——测定实际样品时吸收池有效光程。

3.4.2 仪器结构

MFA-450 型红外测油仪外观如图 3-26 所示。

仪器结构框图如图 3-27 所示。仪器分为四大部分：光源系统Ⅰ、样品系统Ⅱ、分光和检测系统Ⅲ和附属系统Ⅳ，此外还有检测电路（Ⅴ）。

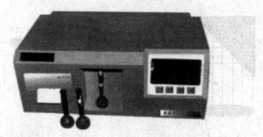

图 3-26 MFA-450 型红外测油仪外观图

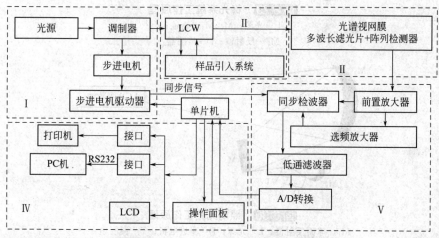

图 3-27 MFA-450 型红外测油仪结构框图

（1）光源系统

光源系统由光源、平面反射镜、球面反射镜、稳光系统和光调制系统构成。光源采用钨卤素灯，其发射特性如图 3-28 所示。从图中可见，在所测波数处有足够的发射度。

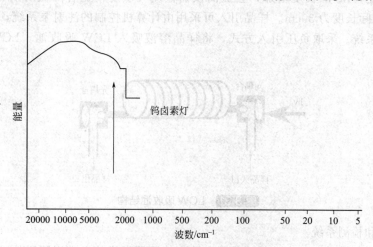

图 3-28 钨卤素灯发射特性

仪器采用了直接稳定光源辐射的稳光技术。稳光系统由透镜、平面反射镜、光电检测器和控制电路构成。稳光系统工作原理见图 3-29。

照明光路系统提高了光源的利用率。光源调制系统由调制扇、步进电机、光耦合器、单片机系统和带有晶振的驱动电路等构成，调制频率 12.5Hz。照明光路工作原理见图 3-30。

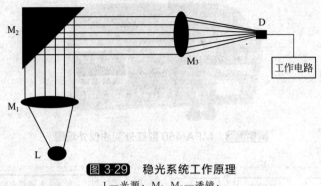

图 3-29 稳光系统工作原理

L—光源；M_1，M_3—透镜；

M_2—反射镜；D—检测器

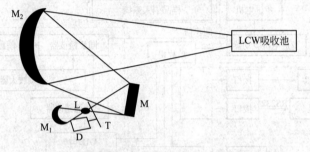

图 3-30 照明光路工作原理

M_1—球面反射镜；L—光源；D—步进电机；T—调制扇；

M—平面反射镜；M_2—球面成像物镜

（2）样品系统

样品系统由长程液芯波导（LCW）吸收池和样品引入系统构成。由于吸光度值与吸收光程长度成正比，LCW 长度增加，会提高仪器检测灵敏度，显著降低对矿物油的检出限。LCW 吸收池实际长度为 30cm。样品引入可采用由计算机控制的注射泵系统，也可以采用手动玻璃注射器系统。采取负压引入方式，将样品溶液吸入 LCW 吸收池。LCW 吸收池结构见图 3-31。

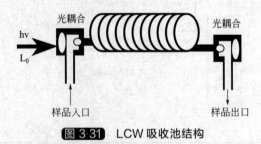

图 3-31 LCW 吸收池结构

（3）分光和检测系统

分光和检测系统采用了多波长滤光片和阵列检测器组成的光谱视网膜技术。根据检测器的特性及原始设计，检测电路包括 5 个子电路：前置放大电路、选频放大电路、同步检波电路、低通滤波电路和 A/D 转换电路。

（4）附属系统

附属系统由液晶显示器、微型打印机、控制键盘或 PC 机系统构成。

3.4.3　主要应用领域

　　① 环保系统、卫生防疫和水文地质部门对地表水（海水油污染的监测国际上还没有适合 ISO 方法规定的仪器）、地下水、生活用水和工业废水及其他污染体系中石油类（矿物油）、动植物油及总油含量的监测。

　　② 烟气（饮食行业油烟）含油量监测。

　　③ 农业部门土壤、植物含油量的测定。

　　④ 日化行业对油类清洗剂性能的测定。

　　⑤ 化学化工领域有机试剂纯度的检测及含各种不同 C—H 键有机物总量和分量的测量。

第4章
设备产品实例

4.1 3D 打印机

3D 打印属于快速成形技术，由 CAD 数据通过成形设备以材料累加的方式制成实物模型。这一成形过程不再需要传统的刀具、夹具和机床就可以打造出任意形状。它可以自动、快速、直接和精确地将计算机中的设计转化为模型，甚至直接制造零件或模具，从而有效地缩短产品研发周期、提高产品质量并缩减生产成本。相对于传统的去除制造技术，有着一体化制造成形（无需拆件）、速度快、浪费少等突出特点，可用于任何传统工艺无法制造的复杂结构产品，让设计师在进行设计时突破工艺限制，实现"无拘无束地设计，随心所欲地制造"，见图 4-1。

图 4-1　3D 打印机能打出各种形状的物品

2012 年 3 月，为重振美国经济和美国制造，奥巴马总统提出建设全美制造业创新网络计划，并将 3D 打印确定为方向之一。2012 年 4 月，英国《经济学人》杂志刊登了一篇名为《第三次工业革命》的封面文章，认为 3D 打印将"与其他数字化生产模式一起推动实现第三次工业革命"，并称这是"制造业未来的趋势"。

传统数控制造主要是"去除型"，即在原材料基础上，使用切割、磨削、腐蚀、熔融等办法，去除多余部分，得到零部件，再以拼装、焊接等方法组合成最终产品，而3D打印则颠覆了这一观念，无需原胚和模具，就能直接根据计算机图形数据，通过一层层增加材料的方法直接造出任何形状的物体，这不仅缩短了产品研制周期，简化了产品的制造程序，提高了效率，而且大大降低了成本，因此被称为"增材制造"。

据相关统计，3D打印技术将在2016年前在全球范围内创造31亿美元的产值，到2020年，这个数字将达到52亿。3D打印领域的开山鼻祖特里·沃勒斯认为："由于复合材料可以制造任何形状，'为制造而设计'会变成过眼云烟，我们将很有可能看到以前很难或者不可能制造的产品被制造出来。"

4.1.1　3D打印机的组成和工作原理

3D打印机由控制组件、机械组件、打印头、耗材和介质等架构组成，见图4-2。

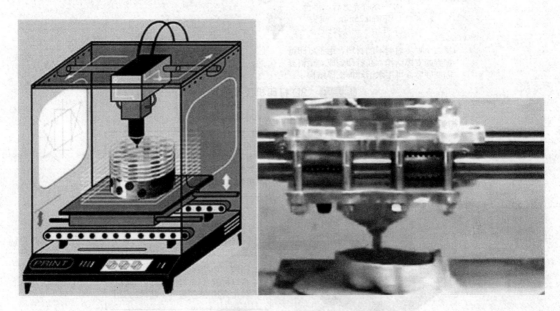

图 4-2　3D打印机结构图

3D打印机工作原理和传统打印机基本一样，是用喷头一点点"磨"出来的。只不过3D打印喷的不是墨水，而是液体或粉末等"打印材料"，利用光固化和纸层叠等技术快速成形。通过计算机控制把"打印材料"一层层叠加起来，最终把计算机上的蓝图变成实物。3D打印机工作原理见图4-3。

目前3D打印机有两种成形方法，一种是堆叠法，一种是烧结。堆叠只能成形塑料、硅之类的材质，对固化反应速度有要求，而烧结可以利用激光的高温对金属粉末进行处理加工出金属材质的东西出来，实体可通过打磨、钻孔、电镀等方式进一步加工。所以3D打印机和普通打印机最大的区别是"墨水"。

打印机工作流程如图4-4所示。

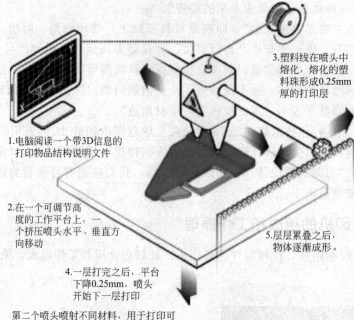

3.塑料线在喷头中熔化,熔化的塑料珠形成0.25mm厚的打印层

1.电脑阅读一个带3D信息的打印物品结构说明文件

2.在一个可调节高度的工作平台上,一个挤压喷头水平、垂直方向移动

5.层层累叠之后,物体逐渐成形。

4.一层打完之后,平台下降0.25mm,喷头开始下一层打印

第二个喷头喷射不同材料,用于打印可抛弃的支撑结构。在打印完成、塑料凝固变硬后,可用水溶解掉支撑结构

图 4-3 3D 打印机工作原理

这就是墨盒

1. 准备工作:用户可以选择两种具有不同物理性质(颜色、硬度和耐热性)的光敏树脂,然后把装有这些物质的墨盒放在打印机里

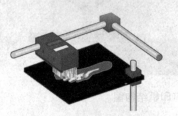

2. 印制一个超薄涂层:打印机能混合11种混合物(2种选择的物质和9种化合物)来创造一个超薄的图层

紫外灯

支撑材质

3. 支撑、平整和硬化:印刷块包含了两个紫外光模块来使光敏树脂硬化,还有四个喷嘴喷出蜡来支撑树脂结构,这样新的树脂就能准确地印制在顶部

4. 反复印刷:立体的形状已经初露端倪,逐层印刷

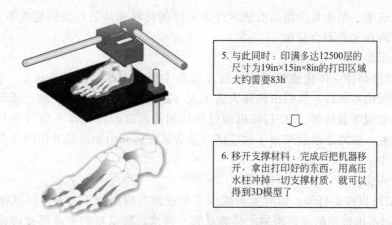

5. 与此同时：印满多达12500层的尺寸为19in×15in×8in的打印区域大约需要83h

6. 移开支撑材料：完成后把机器移开，拿出打印好的东西，用高压水柱冲掉一切支撑材质，就可以得到3D模型了

图 4-4 3D 打印的工作流程

4.1.2 常用 3D 打印机的种类

常用 3D 打印机的种类有熔融堆积成形（FDM，Fused Deposition Modeling）、立体光刻（SLA，Stereolithography Apparatus）、分层实体造型（LOM，Laminated Object Manufacturing）和选择性激光烧结（SLS，Selective Laser Sintering），见图 4-5。

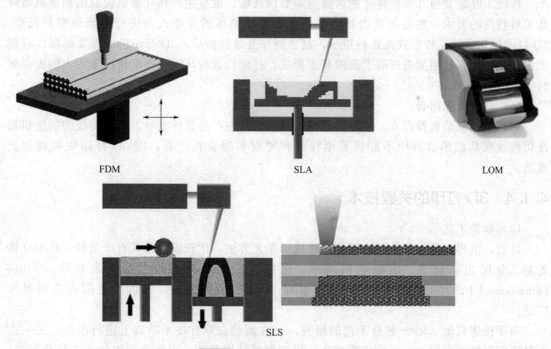

FDM　　　　　　　　　　SLA　　　　　　　　　　LOM

SLS

图 4-5 常用 3D 打印机的种类

4.1.3 3D 打印的特点

（1）制造复杂物品不增加成本

就传统制造而言，物体形状越复杂，制造成本越高。对 3D 打印机而言，制造形状复杂的物品成本不增加，制造一个华丽的形状复杂的物品并不比打印一个简单的方块消耗更多的

时间、技能或成本。制造复杂物品的成本将由单纯的材料和体积作为固定成本，而如开模、精磨等成本也许在未来不会存在。

（2）无须组装

3D打印能使部件一体化成形。传统的大规模生产建立在组装线基础上，在现代工厂，机器生产出相同的零部件，然后由机器人或工人（甚至跨洲）组装。产品组成部件越多，组装耗费的时间和成本就越多。3D打印机通过分层制造可以同时打印一扇门及上面的配套铰链，不需要组装。省略组装就缩短了供应链，节省了在劳动力和运输方面的花费。供应链越短，污染也越少。

（3）零时间交付

3D打印机可以按需打印。即时生产减少了企业的实物库存，企业可以根据客户订单使用3D打印机制造出特别的或定制的产品满足客户需求，所以新的商业模式将成为可能。如果人们所需的物品按需就近生产，零时间交付式生产能最大限度地减少长途运输的成本。

（4）设计空间无限

传统制造技术和工匠制造的产品形状有限，制造形状的能力受制于所使用的工具。例如，传统的木制车床只能制造圆形物品，轧机只能加工用铣刀组装的部件，制模机仅能制造模铸形状。3D打印机可以突破这些局限，开辟巨大的设计空间。

（5）零技能制造

传统工匠需要当几年学徒才能掌握所需要的技能。批量生产和计算机控制的制造机器降低了对技能的要求，然而传统的制造机器仍然需要熟练的专业人员进行机器调整和校准。3D打印机从设计文件里获得各种指示，制造同样复杂的物品，3D打印机所需要的操作技能比注塑机少。非技能制造开辟了新的商业模式，并能在远程环境或极端情况下为人们提供新的生产方式。

（6）材料无限组合

对当今的制造机器而言，将不同原材料结合成单一产品是件难事，因为传统的制造机器在切割或模具成形过程中不能轻易地将多种原材料融合在一起，而3D打印则可克服此难题。

4.1.4　3D打印的关键技术

（1）制造工艺

目前，世界上已有几十种不同的快速成形工艺方法，比较成熟的就有十余种。其中立体光刻、分层实体选型、熔融堆积成形、选择性激光烧结法和三维粉末粘接（Three Dimensional Printing and Gluing，3DP 也称 3DPG）五种方法，在世界范围内应用最为广泛。

对于快速成形（RP）制造工艺的研究，一方面是在原有技术基础上进行改进，另一方面是研究新的成形技术。新的成形方法，如三维微结构制造、生物活性组织的工程化制造、激光三维内割技术、层片曝光方式等。

（2）成形材料

成形材料是决定快速成形技术发展的基本要素之一，它直接影响到原型的精度、物理化学性能以及应用等。与 RP 制造的 4 个目标（概念型、测试型、模具型、功能零件）相适应，使用的材料不同，概念型对材料成形精度和物理化学特性要求不高，主要要求成形速度快。如对光固化树脂，要求较低的临界曝光功率、较大的穿透深度和较低的黏度。测试型对于材料成形后的强度、刚度、耐温性、抗蚀性等有一定要求，以满足测试要求。如果用于装配测试，则对于材料成形的精度还有一定要求。模具型要求材料适应具体模具制造要求，如对于消失模铸造用原型，要求材料易于去除。快速功能零件要求材料具有较好的力学性能和化学性能。从解决的方法看，一个是研究专用材料以适应专门需要；另一个是根据用途分类，研究几类通用材料以适应多种需要。

目前应用较多的成形材料及其形态有液态树脂类、金属或陶瓷粉末类、纸、塑料薄膜或金属片（箔）类等，现有材料存在成本高、过程工艺要求高、成形的表面质量与内在性能还欠理想等不足。进一步的研究应包括开发成本与性能更好的新材料。开发可以直接制造最终产品的新材料，研究适宜快速成形工艺及后处理工艺的材料形态，探索特定形态成形材料的低成本制备技术，造型材料新工艺等。

（3）加工精度

影响成形件精度的主要因素有两方面：一是由 CAD 模型转换成 STL 格式文件以及随后的切片处理所产生的误差；二是成形过程中制件翘曲变形，成形后制件吸入水分，以及由于温度和内应力变化等所造成的无法精确预计的变形。

为了解决第一类问题，正在研制直接切片软件和自适应切片软件。直接切片是不将 CAD 模型转换成 STL 格式文件，而直接对 CAD 模型进行切片处理，得到模型的各截面层轮廓信息，从而可以减少三角面近似化带来的误差。自适应切片是快速成形机能根据成形零件表面的曲率和斜率自动调整切片的厚度，从而得到高品质的光滑表面。

为解决第二类问题，正在研究、开发新的成形方法、新的成形材料及成形件表面处理方法，使成形过程中制件的翘曲变形小，成形后能长期稳定不变形。

（4）与 RP 技术相关软件

软件是 RP 系统的灵魂，其中作为 CAD 到 RP 接口的数据转换和处理软件是其关键。不同 CAD 系统所采用的内部数据格式不同，RP 系统无法一一适应，这就要求有一种中间数据格式既便于 RP 系统接受又便于不同 CAD 系统生成，STL（Stereo Lithography）格式应运而生了，STL 文件是用大量空间小三角形面片来近似逼近实体模型。由于 STL 格式具有易于转换、表示范围广、分层算法简单等特点，为大多数商用快速成形系统所采用，现已成为快速成形行业的工业标准。但是，STL 模型也存在许多不足之处，如下。

① 精度不足。由于 STL 模型用大量小三角形面片来近似逼近 CAD 模型表面，造成 STL 模型对产品几何模型的描述存在精度损失，并且在对多张曲面进行三角化时，在曲面的相交处往往产生裂缝、孔洞、覆盖及相邻面片错位等缺陷。

② 数据冗余度大。STL 模型不包含拓扑信息，三角形面片的公用点、边单独存储，数据的冗余度大。随着网络时代的到来，STL 模型数据冗余大的不足也使其不利于远程 RF 的数据传输，难以有效支持远程制造。

针对 STL 模型中存在的问题，人们试图从以下几方面来解决。

① 对 STL 模型进行修复处理。

② 将中性标准数据文件（如 IGES、DXF、STEP 等）直接应用于快速成形数据处理。

③ 寻求新的 CAD/RP 数据接口格式，如 VRML。

④ 直接应用 CAD 软件进行分层处理。

⑤ 与反求工程相结合。

4.1.5 典型快速成形工艺

传统的累加方法主要是焊接、粘接或铆接，通过这些不可拆卸的连接方法使物料结合成一个整体，形成零件。近几年才发展起来的快速原型制造技术（RPM），是材料累加法的新发展。它将计算机辅助设计（CAD）、计算机辅助制造（CAM）、计算机数控（CNC）、精密伺服驱动、新材料等先进技术集于一体，依据计算机上构成的产品三维设计模型，对其进行分层切片，得到各层截面轮廓。按照这些轮廓，激光束选择性地切割一层层的纸（或固化一层层的液态树脂，或烧结一层层的粉末材料），或喷射源选择性地喷射一层层的粘接剂或热熔材料等，形成一个个薄层，并逐步叠加成三维实体，见图 4-6。

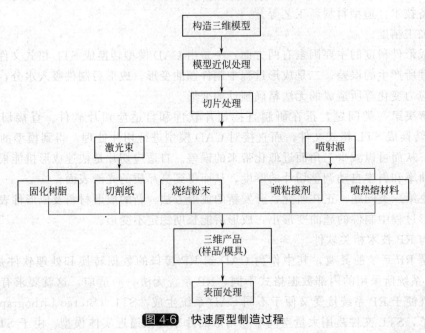

图 4-6 快速原型制造过程

快速成形技术的工艺不下 30 余种，最成熟的主要有以下几种。

（1）立体光刻（SLA）

立体光刻 SLA 是最早的 RP 技术实用化产品，SLA 工艺原理如图 4-7 所示。其工艺过程是，首先通过 CAD 设计出三维实体模型，将模型转换为标准格式的 STL 文件，利用离散程序将模型进行切片处理，设计扫描路径，产生的数据将精确控制扫描器和升降台的运动；激光器产生的激光束经聚焦照射到容器的液态光敏树脂表面，使表面特定区域内的一层树脂固化后，升降台下降一定距离，这样 SLA 装置逐层地生产出制件。

SLA 技术的常用原料是热固性光敏树脂，主要用于制造多种模具、模型等，还可以通过加入其他成分用 SLA 原型模代替熔模精密铸造中的蜡模。SLA 技术成形速度较快，精度较高，但由于树脂固化过程中产生收缩，不可避免地会产生应力或引起形变。开发收缩小、固化快、强度高的光敏材料是其发展趋势。

SLA 法是第一个投入商业应用的 RP 技术。目前全球销售的 SLA 设备约占 RP 设备总数的 70% 左右。这种方法的特点是精度高、表面质量好。原材料利用率将近 100%，能制造形状特别复杂（如空心零件）、特别精细（如首饰、工艺品等）的零件。图 4-8 为 SLA 制件示意图。

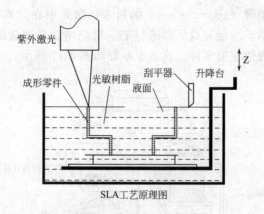

紫外激光

成形零件　光敏树脂　刮平器　升降台

液面

SLA工艺原理图

图 4-7　SLA 工艺原理图

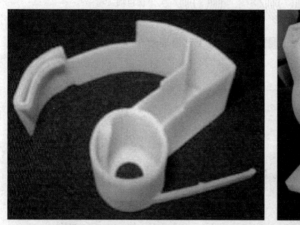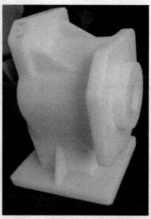

图 4-8　SLA 制件示意图

（2）分层实体造型（LOM）

分层实体造型 LOM 又称层叠法成形，它以片材（如纸片、塑料薄膜或复合材料）为原材料，激光切割系统按照计算机提取的横截面轮廓线数据，将背面涂有热熔胶的纸用激光切割出工件的内外轮廓。切割完一层后，送料机构将新的一层纸叠加上去，利用热粘压装置将已切割层粘在一起，然后再进行切割，这样一层层地切割、粘压，最终成为三维工件，见图 4-9。

LOM 工艺与 SLA 工艺的区别在于将 SLA 中的光致固化的扫描运动变为 LOM 中的激光切割运动。

LOM 技术常用材料是纸、金属箔、塑料膜、陶瓷膜等，成形材料为涂敷有热敏胶的纤维纸。制件性能相当于高级木材。除了可以制造模具、模型外，还可以直接制造结构件或功能件。

LOM 技术的特点是工作可靠，模型支撑性好，成形速度快，制造成本低，效率高。缺点是前、后处理费时费力，且不能制造中空结构件，由于材料薄膜厚度有限制，未经处理的表面不光洁，需要进行再处理。图 4-10 为 LOM 样件图。

（3）选择性激光烧结（SLS）

选择性激光烧结采用 CO_2 激光器作能源，目前使用的造型材料多为各种粉末材料。在工作台上均匀铺上一层很薄（$100 \sim 200 \mu m$）的粉末，激光束在计算机控制下按照零件分层轮廓有选择性地进行烧结，一层完成后再进行下一层烧结。全部烧结完后去掉多余的粉末，再进行打磨、烘干等处理便获得零件。其基本原理如图 4-11 所示。

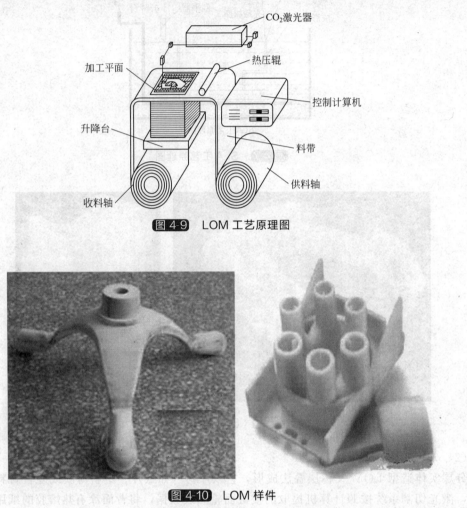

图 4-9 LOM 工艺原理图

图 4-10 LOM 样件

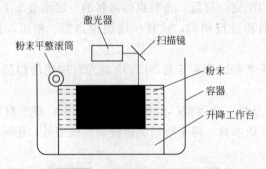

图 4-11 选择性激光烧结原理图

SLS 技术常用原料是塑料、蜡、陶瓷、金属以及它们的复合物的粉体，制件性能相当于工程塑料、蜡模、砂型。用蜡可制作精密铸造蜡模，用热塑性塑料可制作消失模，用陶瓷可制作铸造型壳、型芯和陶瓷件，用金属可制作金属件。此技术成本较低，可制备复杂形状零件，但成形速度较慢，由于粉体铺层密度低导致精度较低和强度较低。

图 4-12、图 4-13 所示为 SLS 制件实例。图 4-13 所示的制件为某摩托车厂制作的 250 型双缸摩托车汽缸头。该样品是基于一款新设计的发动机，用户需要 10 件样品进行发动机的模拟实验。该零件具有复杂的内部结构，传统机加工无法加工，只能采用铸造成形。整个过程需经过开模、制芯、组模、浇铸、喷砂和机加等工序，与实际生产过程相同。其中仅开模一项就需三个月时间。这对于小批量的样品制作无论在时间上还是成本上都是难以接受的。采用选择性激光烧结技术，以精铸熔模材料为成形材料，在 AFS 成形机上仅用 5 天即加工出该零件的 10 件铸造熔模，再经熔模铸造工艺，10 天后得到了铸造毛坯。经过必要的机加工，30 天即完成了此款发动机的试制。

图 4-12　SLS 制件

图 4-13　SLS 应用案例——摩托车汽缸头

（4）熔融堆积成形（FDM）

FDM 是利用热塑性树脂的热熔性和黏结性，在计算机控制下让热塑性树脂层层堆积成形的加工方法，其加工原理如图 4-14 所示。丝状材料由送丝机构送进喷头并在喷头内加热呈熔融状态。喷头在计算机控制下沿零件截面轮廓和填充轨迹运动的同时将熔融材料挤出，材料迅速固化并与周围材料黏结，一层层地堆积，制造出原型或零件。

成形材料为固体丝状工程塑料，制件性能相当于工程塑料或蜡模。FMD 方法无材料浪费，加工环境整洁，尤其是制造薄壁空心零件时速度较快，材料价格比较低，性价比（即性能与价格比）较高。主要用途：塑料件、铸造用蜡模、样件或模型。目前，主要用于模具制造和医疗产品的加工。FDM 样件见图 4-15。

快速成形工艺采用离散堆积的工艺原理，根据其最小成形单位的不同，可以将其分为不

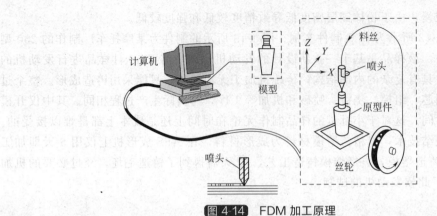

图 4-14 FDM 加工原理

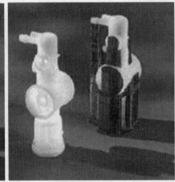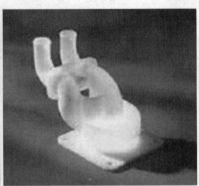

图 4-15 FDM 样件

同的成形方式：有的由点构成线，再由线构成面，最后由面堆积为体，其最小成形单位是点，如 3DP；有的由线构成面，再由面构成体，其最小成形单位是线，如 SLS、SLA；有的直接成形一层，由层堆积为三维实体，其最小成形单位是面，如 LOM。显然最小成形单位越大，成形效率越高。几种典型的成形方式比较见表 4-1，它们的工艺特点及常用材料见表 4-2。

表 4-1　典型成形工艺成形方式比较

最小成形单位	成形方式	典型工艺
点	点、线、面、体	BPM、3DP
线	线、面、体	SLS、SLA
面	面、体	LOM

表 4-2　典型快速成形方法的特点及常用材料

成形方法	SLA	LOM	SLS	FDM
成形速度	较快	快	较慢	较慢
成形精度	较高	较高	较低	较低
表面质量	优	较差	较贵	较贵
制造成本	较高	低	较低	较低

成形方法	SLA	LOM	SLS	FDM
复杂程度	中等	简单或中等	复杂	中等
零件大小	中小件	中大件	中小件	中小件
常用材料	热固性光敏树脂等	纸、金属箔、塑料薄膜等	石蜡、塑料、金属、陶瓷等粉末	石蜡、尼龙、ABA、低熔点金属等
材料价格	较贵	较便宜	较贵	较贵
材料利用率	接近100%	较差	接近100%	接近100%
运行成本	较贵	较便宜	较贵	较便宜
生产效率	高	高	一般	较低
占有率/%	78	7.3	6.0	6.1

几种快速成形方法生产金属零件的最佳技术路线及较适合的金属零件种类见表 4-3。

表 4-3　快速成形方法生产金属零件的最佳技术路线及较适合的金属零件种类

成形方法	生产金属零件的最佳技术路线	较适合的金属零件种类
SLA	SLA 原型(零件形)—熔模铸造、消失模铸造—零件	中等复杂程度的中小铸件
LOM	LOM 原型(零件形)—石膏型或陶瓷型铸造—铸件	简单或中等复杂程度金属模具
SLS	SLS 原型(陶瓷型)—铸件 SLS 原型(零件形)—熔模铸造、消失模铸造—铸件	中小型复杂铸件
FDM	FDM 原型(零件形)—熔模铸造—铸件,用 FDM 直接生成低熔点金属零件	中等复杂程度的中小型铸件

4.1.6　3D打印技术的应用

（1）在外观及人机评价中的应用

新产品开发的设计阶段，虽然可借助设计图纸和计算机模拟，但并不能展现原型，往往难以做出正确和迅速的评价，设计师可以通过制作样机模型达到检验的目的。传统的模型制作中主要采用的是手工制作的方法，制作工序复杂，手工制作的样机模型不仅工期长，而且很难达到外观和结构设计要求的精确尺寸，因而其检查外观及人机设计合理性的功能大打折扣。快速成形设备制作的高精度、高品质样机与传统的手工模型相比较可以更直观地以实物的形式把设计师的创意反映出来，方便产品的外观造型和人机特性评价。

（2）在产品结构评价中的应用

通过快速成形制成的样机和实际产品一样是可装配的，所以它能直观地反映出结构设计合理与否，安装的难易程度，使结构工程师可以及早发现和解决问题。由于模具制造的费用一般很高，比较大的模具往往价值数十万乃至几百万，如果在模具开出后发现结构不合理或其他问题，其损失可想而知。而应用快速成形技术的样机制作可以把问题解决在开出模具之前，大大提高了产品开发的效率。

韩国现代汽车公司采用了美国 Stratasys 公司的 FDM 快速原型系统，用于检验设计、空气动力评估和功能测试。FDM 系统在启亚的 Spectra 车型设计上得到了成功的应用。空间的精确和稳定对设计检验来说是至关重要的，采用 ABS 工程塑料的 FDM Maxum 系统满足了两者的要求，在 1382mm 的长度上，其最大误差只有 0.75mm。现代汽车公司计划再安装第二套快速原型系统，并仍将选择 FDM Maxum，现代汽车公司认为该系统完美地符合设计要求，并能在 30 个月内收回成本。图 4-16 和图 4-17 为现代汽车公司采用 FDM 工艺制作的某车型的仪表盘和车身外壳。

图 4-16　现代汽车公司采用 FDM 工艺制作的某车型的仪表盘

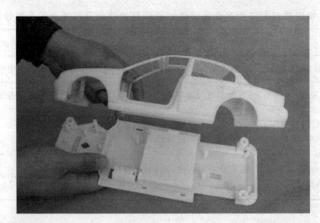

图 4-17　现代汽车公司采用 FDM 工艺制作的某车型的车身外壳

（3）应用于产品开发的原型验证

3D 打印的特点在于完成定制化的单个零件制造成本非常低，并且由于 3D 打印是逐层打印的技术，所以可以完成多轴数控机床都完成不了的复杂成形。比如 F1 赛车，在设计之后，需要制造出一个比例缩小的模型在风洞里面进行空气动力学的测试，但是其表面的曲线非常复杂，这些工作正好可以交给 3D 打印来完成。

由于各种原因，有相当数量的人需要装配义肢，但是每个人的身材都是不同的，必须进行完全个性化的定制，见图 4-18。

（4）医学上的仿生制造

医学上的 CT 技术与快速成形技术结合可复制人体骨骼结构或器官形状，整容、重大手术方案预演，以及进行假肢设计和制造。图 4-19 所示为 3D 打印头骨雕像。同样，科学家可以根据病人的细胞样本采用专用 3D 打印机制作人体器官组织，见图 4-20。

2011 年 9 月 18 日，德国 Fraunhofer institutes 的跨学科研究小组宣布已经创建了完整功能的人造血管，见图 4-21。这种血管采用三维打印和强激光脉冲技术来完成，这种技术采用了特殊的含有生物分子聚合物的油墨来实现打印，强度和人类的血管相似，并且还可以用精确的强激光脉冲技术来实现毛细血管的创建，这种血管可以代替人类血管实现养分运输等任务。

2012年2月10日，比利时哈塞尔特大学的科研人员宣布，他们已经成功为一名83岁的老妇人植入了3D打印而成的下颌骨，见图4-22。这也是世界上首次完全使用定制植入物代替整个下颚。与传统的制作方法相较而言，3D打印技术耗费的材料更少，生产时间更短，往往只需数个小时便可以制出一只下颌骨。为了避免排斥反应的发生，科研人员在制作完成的下颌骨上涂上了生物陶瓷涂层。据悉，采用3D打印技术制出的人工下颚重量约为107g，仅比活体下颚重30g，因而十分方便患者使用与操作。

图 4-18　装配义肢的个性化定制

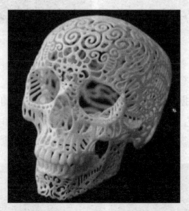

图 4-19　3D打印头骨雕像

图 4-20　根据病人的细胞样本3D打印人体器官组织

图 4-21 人造血管的 3D 打印

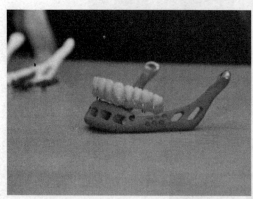

图 4-22 3D 打印而成的下颌骨

（5）时尚艺术品的无限创意设计

艺术品和建筑装饰品是根据设计者的灵感构思设计出来的，采用快速成形技术可使艺术家的创作、制造一体化，为艺术家提供最佳的设计环境和成形条件。来自英国设计师 Michael Eden 的美丽的 3D 陶瓷艺术作品，色彩绚丽，立体感十足，十分特别，见图 4-23。

图 4-23　美丽的 3D 陶瓷艺术

3D 打印机几乎可以打印任何复杂的造型，见图 4-24。

图 4-24　3D 打印机几乎可以打印任何复杂的造型

　　美国费城的珠宝设计师 Joshua Demonte 的建筑造型的概念首饰设计见图 4-25、图 4-26。他的设计灵感来自于古老的建筑，他试图将这些细节重现以替代传统的首饰造型，改变人们的首饰造型古板的印象。

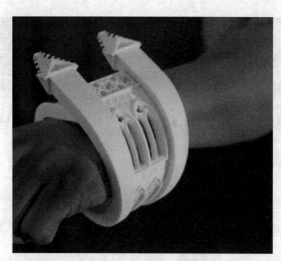

图 4-25 用 3D 打印制造建筑造型珠宝（一）

图 4-26 用 3D 打印制造建筑造型珠宝（二）

（6）3D 打印服装

女士们是否都梦想过给自己打造一款梦幻比基尼，却又因为缝纫技术不佳而始终未能如愿呢？美国 3D 打印公司 Shapeways 或许可以帮你实现梦想。该公司推出全球首款由 3D 打印机印制的比基尼"尼龙 12"，见图 4-26。这件比基尼由 Continuum Fashion 的设计师詹娜·费瑟和玛丽·黄设计，所有材料都是由 3D 打印机完成的，具有卓越的防水功能，它的问世或标志着时尚界开始了一场与技术相结合的新革命。

该款比基尼的制造材料为尼龙，具有"白净、牢固、柔韧"等特点，被激光熔化后可以形成所需的型态。而打印过程是用非常纤细的尼龙绳子连接起成千上万个圆形尼龙薄片，进而编织出牢固且柔韧的"布料"，这一切都是由 3D 打印机完成，不需要任何手工或者机器的缝制。跟以往试验不同的是，"尼龙 12"穿着舒适且可以购买到。Shapeways 向设计师们提供了销售他们产品的平台，印制的产品可以直接送达客户手中。

图 4-27 为 3D 打印机制作的内衣，它是由机器根据电脑"蓝图""打印"出圆形尼龙薄片。图 4-28 为 3D 打印的时尚服饰。

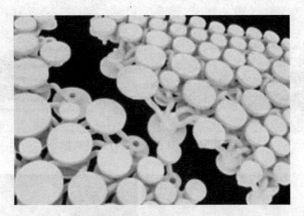

图 4-27　3D 打印机制作的内衣

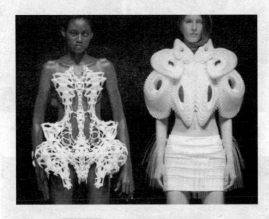

图 4-28　3D 打印的时尚服饰

（7）3D 打印建筑

工程师和设计师们已经接受了用 3D 打印机打印的建筑模型，这种方法快速、成本低、环保，同时制作精美，观赏性更好。图 4-29 为可"打印"固体建筑的 3D 打印机。

图 4-29　可"打印"固体建筑的 3D 打印机

图 4-30 为荷兰建筑师 Janjaap Ruijssenaars 在 2014 年完成的 3D 打印项目，这是全球首个 3D 打印建筑物。图 4-31～图 4-33 为 3D 打印建筑模型示例。

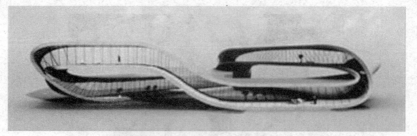

图 4-30 全球首个 3D 打印建筑物

图 4-31 3D 打印建筑模型

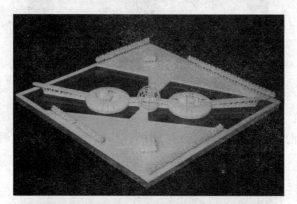

图 4-32 Objet 3D 打印建筑模型的侧面俯视图

图 4-33 Objet 3D 打印建筑模型的平面图

一个模型的价值并不等同于它的成本。做一个模型的花费是制作它所有部件花费的总和，通常包括材料和人力。模型的价值在于它可以让人交流设计心得。3D 打印模型的价值在于其交流想法的能力。一个由高分辨率 3D 打印机提供的精确细致的缩尺模型可以在瞬间传递大量信息，因此对设计者和建筑师来说价值非凡。3D 打印的建筑还能进行夜晚灯光效果模拟，见图 4-34。

图 4-34 3D 打印建筑的夜晚灯光效果模拟

4.1.7 3D 打印的趋势

3D 打印数字化革命将给社会带来巨大的冲击，这场革命不仅将影响到如何制造产品，还将影响到在哪里制造产品。甚至说，3D 打印这项新技术正在重塑全球制造业格局，将会对物流行业造成巨大冲击。

（1）3D 打印成为工业化力量

3D 打印原先只能用于制造产品原型以及玩具，而现在它将成为工业化力量。飞机有望大规模使用 3D 打印制造的零部件，这些零部件能够让飞机变得更轻、更省油。

另外，有望在制造工厂里看到 3D 打印机。一些特殊的零部件已经由 3D 打印机更经济地生产出来了，但仅仅是在小规模范围内。对于 3D 打印技术，很多制造商开始尝试原型制造以外的应用。随着 3D 打印机的性能不断提高以及制造商将其整合进生产线和供应链的经验变得更加丰富，未来有望看到集成了 3D 打印零部件的混合制造工艺。

（2）3D 打印既是制造业，更是服务业

3D 打印产业链涉及很多环节，包括 3D 打印机设备制造商、3D 模型软件供应商、3D 打印机服务商和 3D 打印材料的供应商。因此围绕 3D 打印的产业链会产生很多机会。在 3D 打印产业链里，除了出现大品牌的生产厂商外，也有可能出现基于 3D 打印提供服务的巨头。

例如，Shapeways 公司并不直接出售打印机，而是通过社交网络把"全价值链"搬到了线上。用户在网站注册后，既可以把自己的产品设计上传到网站，也可以购买现有的 3D 设计图，再选择和购买原材料，就可以下单，公司会将打印出来的成品送货上门。此外，用户也可以在线展示和销售产品，并将产品卖给其他人。目前该公司最受欢迎的是珠宝首饰、iPhone 手机套和玩具火车。这个例子说明 3D 打印带来的服务和营销模式创新。

MYBF（My Best Friend）是一家由来自意大利设计师奥兰多和他妻子共同开设的时尚珠宝 3D 打印在线设计商店。MYBF 珠宝在线重新诠释了传统珠宝首饰的形状：钻石戒指变成一个优雅巨大的配饰，而项链和手镯变成华丽的三维饰品。这些产品设计简单但色彩时尚线条有力，见图 4-35。

MYBF 使用 3D 建模和 3D 打印机来制作这种首饰，使用的材料是非常轻便但十分结实的尼龙。奥兰多希望未来 MYBF 能够发展成为一个更大的配饰在线，将有更多的设计师参与和提供新的家庭设计服务。

图 4-35 MYBF 推出的首饰实例

（3）3D 打印机将改变整个制造业

网络革命给人们的生活方式带来的最重要的一项变革就是他让普通的用户从信息的接收者变成了信息的发送者。3D 打印将使得普通用户拥有独立设计与制造工业产品的能力，使单品制造几乎与大规模生产一样便宜，目前流水生产线可能不再被需要，所有工厂会因此发生重组。

3D 打印技术在桌面级机器领域应用已经逐渐成熟，3D 打印一般应用于工程类制造与民用发展，如国防军工、航空航天等高端制造的重要零部件等，或者工程制造的小批量或者单件产品生产。随着 3D 打印技术的不断发展成熟，其成本也会得到有效控制，成本的降低则意味着受众的扩大，其市场的进一步扩大。

目前来看，虽然作为生产方式，3D 打印还难以取代大规模生产而成为最主流的生产方式，但却能满足散布在世界各地的种种个性化需求；作为快速原型制造工具，3D 打印使得硬件创新更加容易，带动了硬件的复兴；作为一种思想，3D 打印让人们看到了科幻作品中描述的未来科技成真的曙光。

（4）定制化成为常态

今后购买的产品将根据用户确切的具体信息进行定制，该产品通过 3D 打印制造并直接送到用户的家门口。通过 3D 打印技术，创新公司将凭借与竞争对手的标准化产品相同的价格为用户提供定制化体验，以此获得竞争优势。

起初，这种体验可能包括制造定制智能手机外壳或是为标准化工具进行符合人体工程学的改造，但它很快就会扩张到新的市场。公司领导者将对销售、分销以及营销渠道进行调整，以充分利用其直接向消费者提供定制化体验的能力。定制化同样也将在医疗器械领域发挥重要作用，比如通过 3D 打印制造助听器和义肢。

（5）产品创新速度加快

从新车型到更好的家电，一切产品的设计速度都将加快，从而将创新更快地推向消费者。由于运用 3D 打印的快速原型制造技术能够缩短把产品概念转化为成熟产品设计的时间，设计人员将能够专注于产品的功能。

虽然使用 3D 打印的快速原型制造技术并不是新鲜事物，但迅速降低的成本、功能得到改进的设计软件以及越来越多的打印材料意味着设计人员将能更方便地使用 3D 打印机，使他们能够在设计的早期阶段就打印出原型产品、进行修改以及重新打印等，从而加速创新，其结果将是获得更好的产品以及更快的设计速度。

说到个性化，珠宝加工是对此类需求较为迫切的行业之一，而 3D 打印所具备的优势正好可以平衡消费者需求与加工成本之间的矛盾，使加工成本与造型复杂程度完全无关。事实上在 Shapeways 上就有大量的设计师们对珠宝类目情有独钟（事实上最早加入的成员就已开始利用 3D 打印制造首饰），抛开那些造型过于怪异的不谈，有很多创意还是非常有趣的，例如把建筑戴在身上，用 3D 打印制造建筑造型珠宝，见图 4-36。

图 4-36 用 3D 打印制造建筑造型珠宝

（6）3D 打印开始治病救人

通过 3D 打印制造的医疗植入物将提高一些人的生活质量，因为 3D 打印产品可以根据确切体型匹配定制，如今这种技术已被应用于制造更好的钛质骨植入物、义肢以及矫正设备。打印制造软组织的实验已在进行当中，很快通过 3D 打印制造的血管和动脉就有可能应用于手术之中。目前，3D 打印技术在医疗应用方面的研究涉及纳米医学、制药乃至器官打印，见图 4-37。最理想的情况是，3D 打印技术在未来某一天有可能使定制药物成为现实，并缓解（如果不能消除的话）器官供体短缺的问题。

在传统方式里，手术对病人和医生都不算什么好事儿。但在未来，手术前医生将根据患者的情况用 3D 打印机打印出他们的器官替代品。伦敦的某些医院已经开始应用这项技术了。3D 打印技术可以帮助降低手术风险，并且将烦琐的手术化整为零。

（7）衍生出一些新的商业模式

3D 打印将使一些传统行业受到冲击，但会催生大量前所未有的行业。3D 打印机的相关产业链，包括零配件制造、打印材料等行业，将会进入高速发展期。更重要的机会在互联网领域，围绕 3D 打印会出现越来越多的电子商务模式，例如在线 3D 打印服务、个人定制设计制造服务、共享 3D 打印模型社区以及面向云制造的 3D 打印网络。基于 3D 打印的实体商业模式也将迅速成长，例如遍布大街小巷和旅游景点的 3D 打印店与 3D 打印照相馆。3D 打印店在商业地产中将成为标配，这些实体店面与网络技术相结合，在线定制产品也将成为常态，而更多的人参与进来，也将使产品创新速度加快。

（8）需要更加关注知识产权的保护

三维打印技术的意义不仅在于改变资本和工作的分配模式，而且也在于它能改变知识产

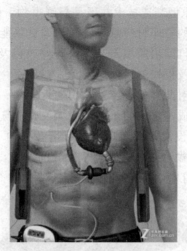

图 4-37   打印人体器官

权的规则。该技术的出现使制造业的成功不再取决于生产规模，而取决于创意。然而，单靠创意也不够，模仿者和创新者都能轻而易举地在市场上快速推出新产品。因此，竞争优势可能将变得比以前更短。

一旦物品能用数字文件来描述，它们就会变得很容易复制和传播，当然，盗版也会变得更加猖獗。当一个新玩具的草图或一双鞋的设计方案在网上流传时，其知识产权的拥有者会失去更多，因此，人们在知识产权领域进行的斗争会更加激烈。并且，随着开源软件、新的非商业模式的出现，三维打印技术需要比目前更加严谨还是更加宽松的法规还有待验证。

4.2 三坐标测量机

随着制造业的快速发展，特别是机床、机械、汽车、航空航天和电子工业，各种复杂零件的研制和生产都需要先进的检测技术。同时为应对全球竞争，生产现场非常重视提高加工效率和降低生产成本，其中最重要的便是生产出高质量的产品。为此，必须实行严格的质量管理。为确保零件的尺寸和技术性能符合要求，必须进行精确的测量，因而体现三维测量技术的三坐标测量机应运而生，并迅速发展和日趋完善。

如图 4-38 所示的三坐标测量仪 CMM（Coordinate Measure Machine）是 20 世纪 60 年代后期发展起来的一种高效率的新型精密测量设备。它是一种集机械、光学、电子、数控技术和计算机技术为一体的大型精密智能化仪器，是现代工业检测、质量控制和制造技术中不可缺少的重要测量设备，可广泛应用于机械制造、电子、汽车和航空航天等工业中。适用于测量箱体零件的孔距和面距、模具、精密铸件、电子线路板、汽车外壳、凸轮、飞机型体等带有空间曲面的工件，如图 4-39 所示。它可以进行零件和部件的尺寸、形状及相互位置的检测，还可用于划线、定中心孔等，并可以对连续曲面进行扫描。

三坐标测量机可以实现如下功能。

① 实现对基本的几何元素的高效率、高精度测量与评定，解决复杂形状表面轮廓尺寸的测量，例如箱体零件的孔径与孔位、叶片与齿轮、汽车与飞机等的外廓尺寸检测。

② 提高三维测量的测量精度，目前高精度的坐标测量机的单轴精度每米长度内可达

$1\mu m$ 以内，三维空间精度可达 $1\sim 2\mu m$。对于车间检测用的三坐标测量机，每米测量精度单轴也达 $3\sim 4\mu m$。

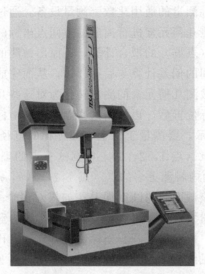

图 4-38   三坐标测量仪

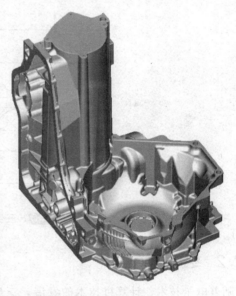

图 4-39   三坐标测量仪的应用实例

③ 由于三坐标测量机可与数控机床和加工中心配套组成生产加工线或柔性制造系统，从而促进了自动生产线的发展。

④ 随着三坐标测量机的精度不断提高，自动化程序不断发展，促进了三维测量技术的进步，大大地提高了测量效率。尤其是电子计算机的引入，不但便于数据处理，而且可以完成 CNC 的控制功能，可缩短测量时间达 95% 以上。

⑤ 随着激光扫描技术的不断成熟，同时满足了高精度测量（质量检测）和激光扫描（逆向工程）多功能复合型的三坐标测量机发展更好地满足了用户需求，大大降低用户投入成本，提高工作效率。

4.2.1　工作原理

三坐标测量机是基于坐标测量的通用化数字测量设备。通过探测传感器（测头）与测量空间轴线运动的配合，对被测几何元素进行离散的空间点坐标的获取，然后通过相应的数学计算定义，完成对所测得点（点群）的拟合计算，还原出被测的几何元素，并在此基础上进行其与理论值（名义值）之间的偏差计算与后续评估，从而完成对被测零件的检验工作。

具体而言，它首先将各被测几何元素的测量转化为对这些几何元素上一些点集坐标位置的测量，在测得这些点的坐标位置后，再根据这些点的空间坐标值，经过数学运算求出其尺寸和形位误差。如图 4-40 所示，要测量工件上一圆柱孔的直径，可以在垂直于孔轴线的截面Ⅰ内，触测内孔壁上三个点（点 1，2，3），根据这三点的坐标值就可计算出孔的直径及圆心坐标 O_I；如果在该截面内触测更多的点（点 $1,2,\cdots,n$，n 为测点数），则可根据最小二乘法或最小条件法计算出该截面圆的圆度误差；如果对多个垂直于孔轴线的截面圆（Ⅰ，Ⅱ，$\cdots,m$，m 为测量的截面圆数）进行测量，则根据测得点的坐标值可计算出孔的圆柱度误差以及各截面圆的圆心坐标，再根据各圆心坐标值又可计算出孔轴线位置；如果再在孔端面 A 上测三点，则可计算出孔轴线对端面的位置度误差。由此可见，CMM 的这一工作原理使得其具有很大的通用性与柔性。从原理上说，它可以测量任何工件的任何几何元素的任何参数。

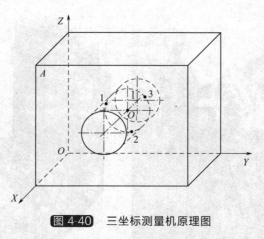

图 4-40　三坐标测量机原理图

4.2.2　组成与类型

随着电子技术、计算机技术的发展，三坐标测量机由手动数显逐步发展到目前的 CNC 控制的高级阶段。测量机机械结构最初是在精密机床基础上发展起来的。如美国 Moore 公司的测量机就是由坐标镗床—坐标磨—坐标测量机逐步发展起来的，又如瑞士的 SIP 公司的测量机就是在大型万能工具显微镜——光学三坐标测量仪基础上逐步发展起来的。这些测量机的结构都没有脱离精密机床及传统精密测试仪器的结构。

（1）组成

三坐标测量机是典型的机电一体化设备，它由机械系统和电子系统两大部分组成。

① 机械系统　一般由三个正交的直线运动轴构成。如图 4-41 所示结构中，X 向导轨系统装在工作台上，移动桥架横梁是 Y 向导轨系统，Z 向导轨系统装在中央滑架内。三个方向轴上均装有光栅尺用以度量各轴位移值。人工驱动的手轮及机动、数控驱动的电机一般都

在各轴附近。用来触测被检测零件表面的测头装在 Z 轴端部。

② 电子系统 一般由光栅计数系统、测头信号接口和计算机等组成，用于获得被测坐标点数据，并对数据进行处理。

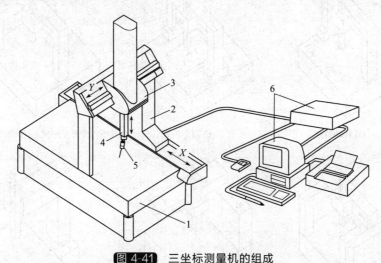

图 4-41 三坐标测量机的组成
1—工作台；2—移动桥架；3—中央滑架；4—Z 轴；5—测头；6—电子系统

（2）类型

① 按 CMM 的测量范围分类 可以分为小型、中型和大型三坐标测量机。

小型三坐标测量机在其最长一个坐标轴方向（一般为 X 轴方向）上的测量范围小于 500mm，主要用于小型精密模具、工具和刀具等的测量。

中型三坐标测量机在其最长一个坐标轴方向上的测量范围为 $500\sim2000$mm，是应用最多的机型，主要用于箱体、模具类零件的测量，在工业现场得到广泛应用。

大型三坐标测量机在其最长一个坐标轴方向上的测量范围大于 2000mm，主要用于汽车与发动机外壳、航空发动机叶片等大型零件的测量。

② 按 CMM 的精度分类 可以分为精密型和中低精度型三坐标测量机。

精密型 CMM 其单轴最大测量不确定度小于 $1\times10^{-6}L$（L 为最大量程，单位为 mm），空间最大测量不确定度小于 $(2\sim3)\times10^{-6}L$，一般放在具有恒温条件的计量室内，用于精密测量。

中低精度 CMM：低精度 CMM 的单轴最大测量不确定度在 $1\times10^{-4}L$ 左右，空间最大测量不确定度为 $(2\sim3)\times10^{-4}L$，中等精度 CMM 的单轴最大测量不确定度约为 $1\times10^{-5}L$，空间最大测量不确定度为 $(2\sim3)\times10^{-5}L$。这类 CMM 一般放在生产车间内，用于生产过程检测。

③ 按 CMM 的结构形式分类 可分为移动桥式、固定桥式、龙门式、悬臂式、立柱式等。

4.2.3 三坐标测量机的机械结构

（1）结构形式

三坐标测量机是由三个正交的直线运动轴构成的，这三个坐标轴的相互配置位置（即总体结构形式）对测量机的精度以及对被测工件的适用性影响较大。图 4-42 是目前常见的几种 CMM 结构形式。

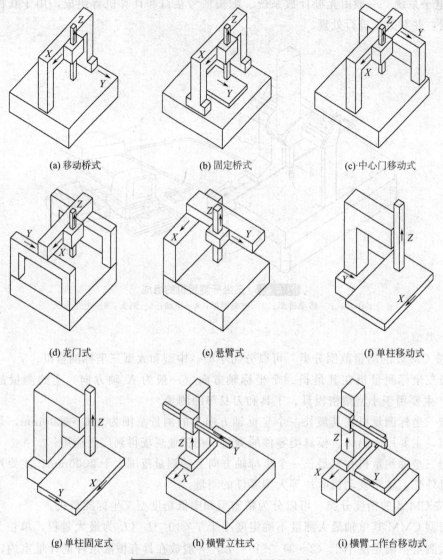

(a) 移动桥式   (b) 固定桥式   (c) 中心门移动式

(d) 龙门式   (e) 悬臂式   (f) 单柱移动式

(g) 单柱固定式   (h) 横臂立柱式   (i) 横臂工作台移动式

图 4-42 三坐标测量机的结构形式

图 4-42（a）为移动桥式结构，它是当前三坐标测量机的主流结构。有沿着相互正交的导轨运行的三个组成部分。其结构简单，敞开性好，工件安装在固定工作台上，承载能力强。但这种结构的 Y 向驱动位于桥框一侧，桥框移动时易产生绕 Z 轴偏摆，而该结构的 X 向标尺也位于桥框一侧，在 X 向存在较大的阿贝臂，这种偏摆会引起较大的阿贝误差，因而该结构主要用于中等精度的中小机型。示意图见图 4-43。其特点如下：

① 结构简单，结构刚性好，承重能力大；

② 工件重量对测量机的动态性能没有影响。

③ Y 向的驱动在一侧进行，单边驱动，扭摆大，容易产生扭摆误差；

④ 光栅偏置在工作台一边，产生的阿贝臂误差较大，对测量机的精度有一定影响；

⑤ 测量空间受框架影响。

图 4-42（b）为固定桥式结构，其桥框固定不动，Y 向标尺和驱动机构可安装在工作台

下方中部，阿贝臂及工作台绕 Z 轴偏摆小，其主要部件的运动稳定性好，运动误差小，适用于高精度测量，但工作台负载能力小，结构敞开性不好。高精度测量机通常采用固定桥式结构，经过改进这类测量机速度可达 $400mm/s$，加速度达到 $3000mm/s^2$，承重达 $2000kg$，典型的固定桥式有精度较高的出自德国 LEITZ 公司的 PMM-C 测量机，见图 4-44。

图 4-43　移动桥式 BQC 系列坐标测量机

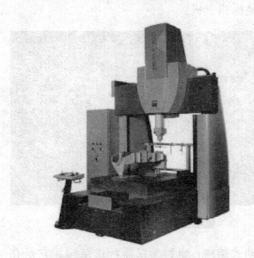

图 4-44　PMM-C 固定桥式测量机

图 4-42（c）为中心门移动式结构，结构比较复杂，敞开性一般，兼具移动桥式结构承载能力强和固定桥式结构精度高的优点，适用于高精度、中型尺寸以下机型。

图 4-42（d）为龙门式结构，它与移动桥式结构的主要区别是它的移动部分只是横梁，移动部分质量小，整个结构刚性好，三个坐标测量范围较大时也可保证测量精度，适用于大机型，缺点是立柱限制了工件装卸，单侧驱动时仍会带来较大的阿贝误差，而双侧驱动方式在技术上较为复杂，只有 X 向跨距很大、对精度要求较高的大型测量机才采用。龙门式坐标测量机一般为大中型测量机，要求较好的地基，立柱影响操作的开阔性，但减少了移动部分重量，有利于精度及动态性能的提高，正因为此，近来亦发展了一些小型带工作台的龙门

式测量机，龙门式测量机最长可到数十米，由于其刚性要比水平臂好，因而对大尺寸而言可具有足够的精度。典型的龙门式测量机有意大利 DEA 公司的 ALPHA 及 DELTA 和 LAMBA 系列测量机。图 4-45 为龙门式坐标测量机。

图 4-45　龙门式坐标测量机

图 4-42（e）为悬臂式结构，结构简单，具有很好的敞开性，但当滑架在悬臂上作 Y 向运动时，会使悬臂的变形发生变化，故测量精度不高，一般用于测量精度要求不太高的小型测量机。图 4-46 为悬臂式坐标测量机。

图 4-46　悬臂式坐标测量机

图 4-42（f）为单柱移动式结构，也称为仪器台式结构，它是在工具显微镜的结构基础上发展起来的。其优点是操作方便、测量精度高，但结构复杂，测量范围小，适用于高精度的小型数控机型。

图 4-42（g）为单柱固定式结构，它是在坐标镗的基础上发展起来的。其结构牢靠、敞开性较好，但工件的重量对工作台运动有影响，同时两维平动工作台行程不可能太大，因此仅用于测量精度中等的中小型测量机。

图 4-42（h）为横臂立柱式结构，也称为水平臂式结构，在汽车工业中有广泛应用。其结构简单、敞开性好，尺寸也可以较大，但因横臂前后伸出时会产生较大变形，故测量精度不高，用于中、大型机型。

图 4-42（i）为横臂工作台移动式结构，其敞开性较好，横臂部件质量较小，但工作台承载有限，在两个方向上运动范围较小，适用于中等精度的中小机型。

（2）工作台

早期三坐标的工作台是由铸铁或铸钢制成的，但近年来广泛采用花岗岩来制造工作台，这是因为花岗岩变形小稳定性好、耐磨损、不生锈，且价格低廉、易于加工。有些测量机装有可升降的工作台，以扩大 Z 轴的测量范围，还有些测量机备有旋转工作台，以扩大测量功能。

（3）导轨

导轨是测量机的导向装置，直接影响测量机的精度，因而要求其具有较高的直线性精度。在三坐标测量机上使用的导轨有滑动导轨、滚动导轨和气浮导轨，常用的为滑动导轨和气浮导轨，滚动导轨应用较少，因为滚动导轨的耐磨性较差，刚度也较滑动导轨低。在早期的三坐标测量机中，许多机型采用的是滑动导轨。滑动导轨精度高，承载能力强，但摩擦阻力大，易磨损，低速运行时易产生爬行，也不易在高速下运行，有逐步被气浮导轨取代的趋势。目前，多数三坐标测量机已采用空气静压导轨（又称为气浮导轨、气垫导轨），它具有许多优点，如制造简单、精度高、摩擦力极小、工作平稳等。

图 4-47 给出的是一移动桥式结构 CMM 气浮导轨的结构示意图，其结构中有六个气垫 2（水平面四个，侧面两个），使得整个桥架浮起。滚轮 3 受压缩弹簧 4 的压力作用而与导向块 5 紧贴，由弹簧力保证气垫在工作状态下与导轨导向面之间的间隙。当桥架 6 移动时，若产生扭动，则使气垫与导轨面之间的间隙量发生变化，其压力也随之变化，从而造成瞬时的不平衡状态，但在弹簧力的作用下会重新达到平衡，使之稳定地保持 $10\mu m$ 的间隙量，以保证桥架的运动精度。气浮导轨的进气压力一般为 3～6 个大气压，要求有稳压装置。

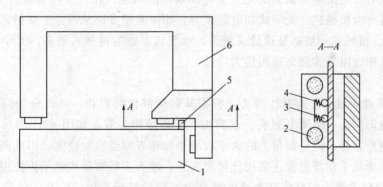

图 4-47　三坐标测量机气浮导轨的结构
1—工作台；2—气垫；3—滚轮；4—压缩弹簧；5—导向块；6—桥架

气浮技术的发展使三坐标测量机在加工周期和精度方面均有很大的突破。目前不少生产厂在寻找高强度轻型材料作为导轨材料，有些生产厂已选用陶瓷或高模量型的炭素纤维作为移动桥架和横梁上运动部件的材料。另外，为了加速热传导，减少热变形，ZEISS 公司采用带涂层的抗时效合金来制造导轨，使其时效变形极小且使其各部分的温度更加趋于均匀一致，从而使整机的测量精度得到了提高，而对环境温度的要求却又可以放宽些。

4.2.4　三坐标测量机的测量系统

三坐标测量机的测量系统由标尺系统和测头系统构成，它们是三坐标测量机的关键组成部分，决定着 CMM 测量精度的高低。

三坐标测量机的测量控制系统如图 4-48 所示。

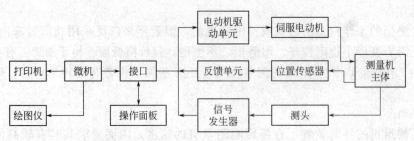

图 4-48　三坐标测量机的测量控制系统示意图

（1）标尺系统

标尺系统是用来度量各轴的坐标数值的，目前三坐标测量机上使用的标尺系统种类很多，它们与在各种机床和仪器上使用的标尺系统大致相同，按其性质可以分为机械式标尺系统（如精密丝杠加微分鼓轮、精密齿条及齿轮、滚动直尺），光学式标尺系统（如光学读数刻线尺、光学编码器、光栅、激光干涉仪）和电气式标尺系统（如感应同步器、磁栅）。

根据对国内外生产 CMM 所使用的标尺系统的统计分析可知，使用最多的是光栅，其次是感应同步器和光学编码器。有些高精度 CMM 的标尺系统采用了激光干涉仪。

（2）测头系统

① 测头

三坐标测量机是用测头（图 4-49）来拾取信号的，因而测头的性能直接影响测量精度和测量效率，没有先进的测头就无法充分发挥测量机的功能。在三坐标测量机上使用的测头，按结构原理可分为机械式、光学式和电气式等；而按测量方法又可分为接触式和非接触式两类（图 4-50）。机械式一般都是接触式测头，电气式多数为接触式测头，光学式一般为非接触式测头，其中以电气式测头应用最为广泛。

a. 机械接触式测头　为刚性测头，根据其触测部位的形状，可以分为圆锥形测头、圆柱形测头、球形测头、半圆形测头、点测头、V 形块测头等，如图 4-51 所示。这类测头的形状简单，制造容易，但是测量力的大小取决于操作者的经验和技能，因此测量精度差、效率低。目前除少数手动测量机还采用此种测头外，绝大多数测量机已不再使用这类测头。

b. 电气接触式测头　目前已为绝大部分坐标测量机所采用，按其工作原理可分为动态

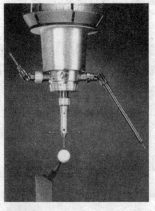

图 4-49　三坐标测量机测头

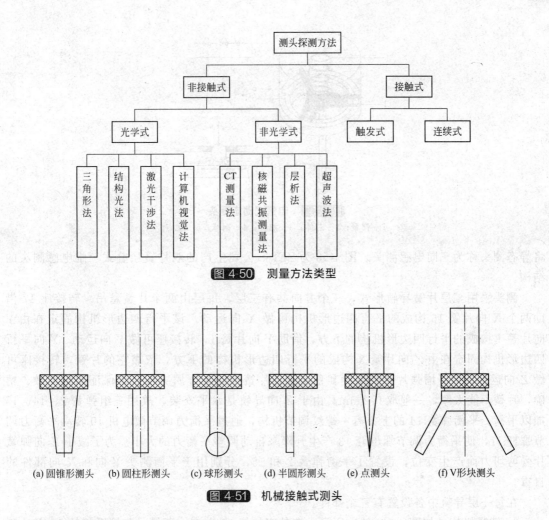

图 4-50 测量方法类型

(a) 圆锥形测头　(b) 圆柱形测头　(c) 球形测头　(d) 半圆形测头　(e) 点测头　(f) V形块测头

图 4-51 机械接触式测头

测头和静态测头。

ⅰ.动态测头。常用动态测头的结构如图 4-52 所示。测杆安装在芯体上，而芯体通过三个沿圆周 120°分布的钢球安放在三对触点上，当测杆没有受到测量力时，芯体上的钢球与三对触点均保持接触，当测杆的球状端部与工件接触时，不论受到 X、Y、Z 哪个方向的接触力，至少会引起一个钢球与触点脱离接触，从而引起电路的断开，产生阶跃信号，直接或通过计算机控制采样电路，将沿三个轴方向的坐标数据送至存储器，供数据处理用。可见，测头是在触测工件表面的运动过程中瞬间进行测量采样的，故称为动态测头，也称为触发式测头。动态测头结构简单、成本低，可用于高速测量，但精度稍低，而且动态测头不能以接触状态停留在工件表面，因而只能对工件表面做离散的逐点测量，不能做连续的扫描测量。目前，绝大多数生产厂选用英国 RENISHAW 公司生产的触发式测头。

ⅱ.静态测头。静态测头除具备触发式测头的触发采样功能外，还相当于一台超小型三坐标测量机。测头中有三维几何量传感器，在测头与工件表面接触时，在 X、Y、Z 三个方向均有相应的位移量输出，从而驱动伺服系统进行自动调整，使测头停在规定的位移量上，在测头接近静止的状态下采集三维坐标数据，故称为静态测头。静态测头沿工件表面移动时，可始终保持接触状态，进行扫描测量，因而也称为扫描测头。其主要特点是精度高，可以做连续扫描，但制造技术难度大，采样速度慢，价格昂贵，适合于高精度测量机使用。目前由 LEITZ、ZEISS 和 KERRY 等厂家生产的静态测头均采用电感式位移传感器，此时也

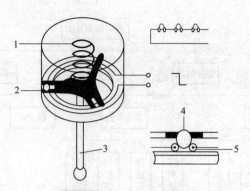

图 4-52　电气式动态测头
1—弹簧；2—芯体；3—测杆；4—钢球；5—触点

将静态测头称为三向电感测头。图 4-53 为 ZEISS 公司生产的双片簧层叠式三维电感测头的结构。

测头采用三层片簧导轨形式，三个方向共有三层，每层由两个片簧悬吊。转接座 17 借助两个 X 向片簧 16 构成的平行四边形机构可做 X 向运动。该平行四边形机构固定在由 Y 向片簧 1 构成的平行四边形机构的下方，借助 Y 向片簧 1，转接座可做 Y 向运动。Y 向平行四边形机构固定在由 Z 向片簧 3 构成的平行四边形机构的下方，依靠它的片簧，转接座可做 Z 向运动。为了增强片簧的刚度和稳定性，片簧中间为金属夹板。为保证测量灵敏、精确，片簧不能太厚，一般取 0.1mm。由于 Z 向导轨是水平安装，故用三组弹簧 2、14、15 加以平衡。平衡弹簧 14 的上方有一螺纹调节机构，通过平衡力调节微电机 10 转动平衡力调节螺杆 11，使平衡力调节螺母套 13 产生升降来自动调整平衡力的大小。为了减小 Z 向弹簧片受剪切力而产生变位，设置了平衡弹簧 2 和 15，分别用于平衡测头 Y 向和 X 向部件的自重。

在每一层导轨中各设置有三个部件。

ⓐ 锁紧机构：如图 4-53（b）所示，在其定位块 24 上有一凹槽，与锁紧杠杆 22 上的锁紧钢球 23 精确配合，以确定导轨的"零位"。在需打开时，可让电机 20 反转一角度，则此时该向导轨处于自由状态。需锁紧时，再使电机正转一角度即可。

ⓑ 位移传感器：用以测量位移量的大小，如图 4-53（c）所示，在两层导轨上，一面固定磁芯 27，另一面固定线圈 26 和线圈支架 25。

ⓒ 阻尼机构：用以减小高分辨率测量时外界振动的影响。如图 4-53（d）所示，在做相对运动的上阻尼支架 28 和下阻尼支架 31 上各固定阻尼片 29 和 30，在两阻尼片间形成毛细间隙，中间放入黏性硅油，使两层导轨在运动时，产生阻尼力，避免由于片簧机构过于灵敏而产生振荡。

该测头加力机构工作原理如图 4-53（a）所示，其中 X 向加力机构和 Y 向加力机构相同（图中只表示出了 X 向）。X 向加力机构是利用电磁铁 6 推动杠杆 5，使其绕十字片簧 8 的回转中心转动而推动中间传力杆 7 围绕波纹管 4 组成的多向回转中心旋转，由于中间传力杆与转接座 17 用片簧相连，因而推动测头在 X 方向"预偏置"。Z 向加力机构是利用电磁铁 9 产生的，当电磁铁作用时，在 Z 向产生的上升或下降会通过顶杆 12 推动被悬挂的 Z 向的活动导轨板，从而推动测头在 Z 方向"预偏置"。

ⅲ. 光学测头。在多数情况下，光学测头与被测物体没有机械接触，这种非接触式测量具有一些突出优点，主要体现在：由于不存在测量力，因而适合于测量各种软的和薄的工

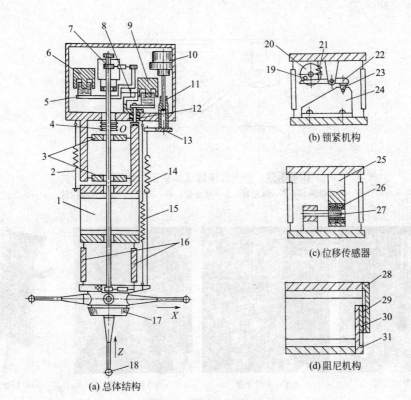

(a) 总体结构

(b) 锁紧机构

(c) 位移传感器

(d) 阻尼机构

图 4-53　加力式三向电感测头

1—Y 向片簧；2,14,15—平衡弹簧；3—Z 向片簧；4—波纹管；5—杠杆；6,9—电磁铁；7—中间传力杆；8—十字片簧；10—平衡力调节微电机；11—平衡力调节螺杆；12—顶杆；13—平衡力调节螺母套；16—X 向片簧；17—转接座；18—测杆；19—拔销；20—电机；21—弹簧；22—锁紧杠杆；23—锁紧钢球；24—定位块；25—线圈支架；26—线圈；27—磁芯；28—上阻尼支架；29,30—阻尼片；31—下阻尼支架

件；由于是非接触测量，可以对工件表面进行快速扫描测量；多数光学测头具有比较大的量程，这是一般接触式测头难以达到的；可以探测工件上一般机械测头难以探测到的部位。

近年来，光学测头发展较快，目前在坐标测量机上应用的光学测头的种类也较多，如三角法测头、激光聚集测头、光纤测头、体视式三维测头、接触式光栅测头等。下面简要介绍一下三角法测头的工作原理。

如图 4-54 所示，由激光器 2 发出的光，经聚光镜 3 形成很细的平行光束，照射到被测工件 4 上（工件表面反射回来的光可能是镜面反射光，也可能是漫反射光，三角法测头是利用漫反射光进行探测的），其漫反射回来的光经成像镜 5 在光电检测器 1 上成像。照明光轴与成像光轴间有一夹角，称为三角成像角。当被测表面处于不同位置时，漫反射光斑按照一定三角关系成像于光电检测器件的不同位置，从而探测出被测表面的位置。这种测头的突出优点是工作距离大，在离工件表面很远的地方（如 40～100mm）也可对工件进行测量，且测头的测量范围也较大（如±5～±10mm）。不过三角法测头的测量精度不是很高，其测量不确定度大致在几十至几百微米。

图 4-55 为接触式测头系统的应用情况，图 4-56 为高精度扫描测头。

对于非接触式与控制回转测头系统，采用非接触传感器，见图 4-57。

② 测头附件

为了扩大测头功能、提高测量效率以及探测各种零件的不同部位，常需为测头配置各种

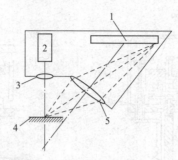

图 4-54　激光非接触式测头工作原理

1—光电检测器；2—激光器；3—聚光镜；4—被测工件；5—成像镜

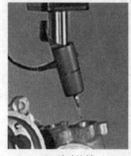   

(a) 手动旋转　　　　　(b) 手动分度　　　　　(c) 自动分度　　　　　(d) 轻便型测头

图 4-55　接触式测头系统的应用

(a) LSP X3(最大加长杆长度360 mm)　(b) LSP X5(最大加长杆长度500 mm)　(c) LSP S2/S4(最大加长杆长度600~800 mm)

图 4-56　高精度扫描测头

(a) CMM-V(CCD照相)　(b) G-SCAN(线激光测头)　(c) G-Tube(非接触管件测头)　(d) T-Scan (便携式扫描头)

图 4-57　非接触式测头系统

附件，如测端、探针、连接器、测头回转附件等。

a. 测端　对于接触式测头，测端是与被测工件表面直接接触的部分。对于不同形状的表面需要采用不同的测端。图 4-58 为一些常见的测端形状。

图 4-58（a）为球形测端，是最常用的测端。它具有制造简单、便于从各个方向触测工件表面、接触变形小等优点。图 4-58（b）为盘形测端，用于测量狭槽的深度和直径。图 4-58（c）为尖锥形测端，用于测量凹槽、凹坑、螺纹底部和其他一些细微部位。图 4-58（d）为半球形测端，其直径较大，用于测量粗糙表面。图 4-58（e）为圆柱形测端，用于测量螺纹外径和薄板。

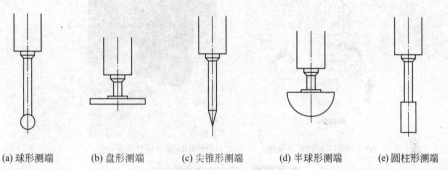

| (a) 球形测端 | (b) 盘形测端 | (c) 尖锥形测端 | (d) 半球形测端 | (e) 圆柱形测端 |

图 4-58　常见测端形状

b. 探针　是指可更换的测杆。在有些情况下，为了便于测量，需选用不同的探针。探针对测量能力和测量精度有较大影响，在选用时应注意：在满足测量要求的前提下，探针应尽量短；探针直径必须小于测端直径，在不发生干涉条件下，应尽量选大直径探针；在需要长探针时，可选用硬质合金探针，以提高刚度。若需要特别长的探针，可选用质量较轻的陶瓷探针。

③ 连接器　为了将探针连接到测头上，测头连接到回转体上或测量机主轴上，需采用各种连接器。常用的有星形探针连接器、连接轴、星形测头座等。

如星形测头座上可以安装若干不同的测头（图 4-59），并通过测头座连接到测量机主轴上。测量时，根据需要可由不同的测头交替工作。

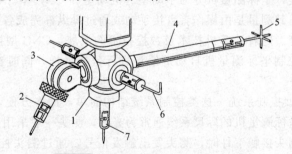

图 4-59　激光非接触式测头工作原理

1—星形测头座；2,4,6,7—测头；3—回转接头座；5—星形探针连接器

④ 回转附件　对于有些工件表面的检测，比如一些倾斜表面、整体叶轮叶片表面等，仅用与工作台垂直的探针探测将无法完成要求的测量，这时就需要借助一定的回转附件，使探针或整个测头回转一定角度再进行测量，从而扩大测头的功能。

常用的回转附件为图 4-60（a）所示的测头回转体。它可以绕水平轴 A 和垂直轴 B 回转，在它的回转机构中有精密的分度机构，其分度原理类似于多齿分度盘。在静盘中有 48

根沿圆周均匀分布的圆柱，而在动盘中有与之相应的 48 个钢球，从而可实现以 7.5°为步距的转位。它绕垂直轴的转动范围为 360°，共 48 个位置，绕水平轴的转动范围为 0°～105°，共 15 个位置。由于在绕水平轴转角为 0°（即测头垂直向下）时，绕垂直轴转动不改变测端位置，这样测端在空间一共可有 48×14＋1＝673 个位置。能使测头改变姿态，以扩展从各个方向接近工件的能力。目前在测量机上使用较多的测头回转体为 RENISHAW 公司生产的各种测头回转体，图 4-60 (b) 为其实物照片。

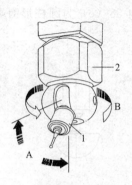 

(a) 二维测头回转体示意图　　(b) PH10M测头回转体实物照片

图 4-60　可分度测头回转体
1—测头；2—测头回转体

4.2.5　三坐标测量机的控制系统

（1）控制系统的功能

控制系统是三坐标测量机的关键组成部分之一。其主要功能是：读取空间坐标值，控制测量瞄准系统对测头信号进行实时响应与处理，控制机械系统实现测量所必需的运动，实时监控坐标测量机的状态以保障整个系统的安全性与可靠性等。三坐标测量机的控制系统框架见图 4-61。

（2）控制系统的结构

按自动化程度分类，坐标测量机分为手动型、机动型和 CNC 型。早期的坐标测量机以手动型和机动型为主，其测量是由操作者直接手动或通过操纵杆完成各个点的采样，然后在计算机中进行数据处理。随着计算机技术及数控技术的发展，CNC 型控制系统变得日益普及，它是通过程序来控制坐标测量机自动进给和进行数据采样，同时在计算机中完成数据处理。

① 手动型与机动型控制系统　这类控制系统结构简单，操作方便，价格低廉，在车间中应用较广。这两类坐标测量机的标尺系统通常为光栅，测头一般采用触发式测头。其工作过程是：每当触发式测头接触工件时，测头发出触发信号，通过测头控制接口向 CPU 发出一个中断信号，CPU 则执行相应的中断服务程序，实时地读出计数接口单元的数值，计算出相应的空间长度，形成采样坐标值 X、Y 和 Z，并将其送入采样数据缓冲区，供后续的数据处理使用。

② CNC 型控制系统　CNC 型控制系统的测量进给是计算机控制的。它可以通过程序对测量机各轴的运动进行控制以及对测量机运行状态进行实时监测，从而实现自动测量。另外，它也可以通过操纵杆进行手工测量。CNC 型控制系统又可分为集中控制与分布控制两类。

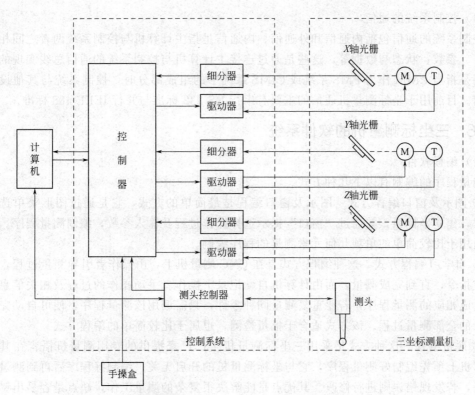

图 4-61   三坐标测量机的控制系统框架

a. 集中控制：由一个主 CPU 实现监测与坐标值的采样，完成主计算机命令的接收、解释与执行、状态信息及数据的回送与实时显示、控制命令的键盘输入及安全监测等任务。它的运动控制是由一个独立模块完成的，该模块是一个相对独立的计算机系统，完成单轴的伺服控制、三轴联动以及运动状态的监测。从功能上看，运动控制 CPU 既要完成数字调节器的运算，又要进行插补运算，运算量大，其实时性与测量进给速度取决于 CPU 的速度。

b. 分布式控制：是指系统中使用多个 CPU，每个 CPU 完成特定的控制，同时这些 CPU 协调工作，共同完成测量任务，因而速度快，提高了控制系统的实时性。另外，分布式控制的特点是多 CPU 并行处理，由于它是单元式的，故维修方便、便于扩充。如要增加一个转台只需在系统中再扩充一个单轴控制单元，并定义它在总线上的地址和增加相应的软件就可以了。

（3）测量进给控制

手动型以外的坐标测量机是通过操纵杆或 CNC 程序对伺服电机进行速度控制，以此来控制测头和测量工作台按设定的轨迹做相对运动，从而实现对工件的测量。三坐标测量机的测量进给与数控机床的加工进给基本相同，但其对运动精度、运动平稳性及响应速度的要求更高。三坐标测量机的运动控制包括单轴伺服控制和多轴联动控制。单轴伺服控制较为简单，各轴的运动控制由各自的单轴伺服控制器完成。但当要求测头在三维空间按预定的轨迹相对于工件运动时，则需要 CPU 控制三轴按一定的算法联动来实现测头的空间运动，这样的控制由上述单轴伺服控制及插补器共同完成。在三坐标测量机控制系统中，插补器由 CPU 程序控制来实现。根据设定的轨迹，CPU 不断地向三轴伺服控制系统提供坐标轴的位置命令，单轴伺服控制系统则不断地跟踪，从而使测头一步一步地从起始点向终点运动。

（4）控制系统的通信

控制系统的通信包括内通信和外通信。内通信是指主计算机与控制系统两者之间相互传送命令、参数、状态与数据等，这些是通过连接主计算机与控制系统的通信总线实现的。外通信则是指当 CMM 作为 FMS 系统或 CIMS 系统中的组成部分时，控制系统与其他设备间的通信。目前用于坐标测量机通信的主要有串行 RS-232 标准与并行 IEEE-488 标准。

4.2.6　三坐标测量机的软件系统

（1）编程软件

测量程序的编制有以下几种方式。

① 图示及窗口编程方式　图示及窗口编程是最简单的方式，它是通过图形菜单选择被测元素，建立坐标系，并通过"窗口"提示选择操作过程及输入参数，编制测量程序。该方式仅适用于比较简单的单项几何元素测量的程序编制。

② 自学习编程方式　这种编程方式是在 CNC 测量机上，由操作者引导测量过程，并键入相应指令，直到完成测量，而由计算机自动记录下操作者手动操作的过程及相关信息，并自动生成相应的测量程序，若要重复测量同种零件，只需调用该测量程序，便可自动完成以前记录的全部测量过程。该方式适合于批量检测，也属于比较简单的编程方式。

③ 脱机编程　这种方式是采用三坐标测量机生产厂家提供的专用测量机语言在其他通用计算机上预先编制好测量程序，它与坐标测量机的开启无关。编制好程序后再到测量机上试运行，若发现错误则进行修改。其优点是能解决很复杂的测量工作，缺点是容易出错。

④ 自动编程　在计算机集成制造系统中，通常由 CAD/CAM 系统自动生成测量程序。三坐标测量机一方面读取由 CAD 系统生成的设计图纸数据文件，自动构造虚拟工件，另一方面接收由 CAM 加工出的实际工件，并根据虚拟工件自动生成测量路径，实现无人自动测量。这一过程中的测量程序是完全由系统自动生成的。

（2）测量软件包

系统调试软件测量软件包可含有许多种类的数据处理程序，以满足各种工程需要。一般将三坐标测量机的测量软件包分为通用测量软件包和专用测量软件包。通用测量软件包主要是指针对点、线、面、圆、圆柱、圆锥、球等基本几何元素及其形位误差、相互关系进行测量的软件包。通常各三坐标测量机都配置有这类软件包。专用测量软件包是指坐标测量机生产厂家为了提高对一些特定测量对象进行测量的测量效率和测量精度而开发的各类测量软件包。

（3）系统调试软件

系统调试软件用于调试测量机及其控制系统，一般具有以下软件。

① 自检及故障分析软件包：用于检查系统故障并自动显示故障类别。

② 误差补偿软件包：用于对三坐标测量机的几何误差进行检测，在三坐标测量机工作时，按检测结果对测量机误差进行修正。

③ 系统参数识别及控制参数优化软件包：用于 CMM 控制系统的总调试，并生成具有优化参数的用户运行文件。

④ 精度测试及验收测量软件包：用于按验收标准测量检具。

（4）系统工作软件

测量软件系统必须配置一些属于协调和辅助性质的工作软件，其中有些是必备的，有些用于扩充功能。

① 测头管理软件：用于测头校准、测头旋转控制等。

② 数控运行软件：用于测头运动控制。

③ 系统监控软件：用于对系统进行监控（如监控电源、气源等）。

④ 编译系统软件：用此程序编译，生成运行目标码。

⑤ DMIS 接口软件：用于翻译 DMIS 格式文件。

⑥ 数据文件管理软件：用于各类文件管理。

⑦ 联网通信软件：用于与其他计算机实现双向或单向通信。

参 考 文 献

[1] 林宋，刘勇，郭瑜茹．光机电一体化技术应用100例［M］．北京：机械工业出版社，2005．

[2] 林宋，张超英，陈世乐．现代数控机床［M］．北京：化学工业出版社，2011．

[3] 林宋，刘杰生，殷际英．光机电一体化技术产品实例［M］．北京：化学工业出版社，2004．

[4] 文秀兰，林宋，谭昕，钟建琳．超精密加工技术与设备［M］．北京：化学工业出版社，2006．

[5] 殷际英，林宋，方建军．光机电一体化实用技术［M］．北京：化学工业出版社，2003．

[6] Lin Song, Lu Yanna. Research on the architecture e-manufacturing and its application ［J］. Journal of Donghua University (Eng. Ed.), 2003, 20 (4)：103-106.

[7] 林宋，刘勇．产品设计意图的建模研究［J］．现代制造工程，2003，(6)：64-68．

[8] 林宋．基于Web的信息化制造策略，中国机械工程，2003，14 (20)：1756-1759．

[9] 李筱菁等．GPS技术在城市交通状况实时检测技术中的应用［J］．青岛海洋大学学报，2002，32 (3)：475-481．

[10] 王沣浩等，变频空调器控制系统的技术现状与发展趋势［J］．制冷学报，2002 (2)：1-5．

[11] 刘政华等．机械电子学［M］．长沙：国防科技大学出版社，1999．

[12] 徐德，孙同景．可编程控制器（PLC）应用技术［M］．济南：山东科学技术出版社，1996．

[13] 钟约先，林亨．机械系统计算机控制［M］．北京：清华大学出版社，2001．

[14] 周鲜成．模糊控制技术在变频空调器中的应用［J］．电子技术应用，2001 (2)：17-22．

[15] 金钰等．伺服系统设计指导［M］．北京：北京理工大学出版社，2000．

[16] 张宇河等．计算机控制系统［M］．北京：北京理工大学出版社，2002．

[17] 魏永广，刘存．现代传感技术［M］．沈阳：东北大学出版社，2001．

[18] 方佩敏．新编传感器原理、应用、电路详解［M］．北京：电子工业出版社，1993．

[19] 张琳娜，刘武发．传感检测技术及应用［M］．北京：中国计量出版社，1999．

[20] 张崇巍，李汉强．运动控制系统［M］．武汉：武汉理工大学出版社，2001．

[21] ［日］高森年．机电一体化［M］．赵文珍译．北京：科学出版社，2001．

[22] 徐承忠等．数字伺服系统［M］．北京：国防工业出版社，1994．

[23] 江利进，龙腾宇．固高运动控制卡在五轴数控磨床的应用研究［J］．机械，2005 (12)：46-48．

[24] 张建钢等，模糊控制洗衣机混浊度检测系统［J］．湖北工学院学报，2002，17 (1)：8-10．

[25] 贾继虔，数控机床的位置检测装置及其应用［J］．组合机床与自动化加工技术，2002 (7)：41-42．

[26] 马国华主编．监控组态软件及其应用［M］．北京：清华大学出版社，2001．

[27] 王振龙，赵万生，李文卓．电火花加工技术的发展趋势与工艺进展［J］．制造技术与机床，2001 (7)：9-11．

[28] 暴金生，周企樱．智能仪器设计基础［M］．北京：机械工业出版社，1989．

[29] 吴宗凡等．红外与微光技术［M］．北京：国防工业出版社，1998．

[30] 周建光等．一种新型红外测油仪的研制［J］．分析仪器，2002 (1)：8-13．

[31] 李神速，施志大，王蕴．数字化显微硬度计及功能测试软件开发研究［J］．上海应用技术学院学报，2001，1 (1)，18-22．

[32] 钟志华，杨济匡．汽车安全气囊技术及其应用［J］．中国机械工程，2000，11 (1～2)：234-237．

[33] 林建民．嵌入式操作系统技术发展趋势［J］．计算机工程，2001，27 (10)：1-4．

[34] 高东杰，谭杰，林红权．应用先进控制技术［M］．北京：国防工业出版社，2003．

[35] 白杉，子荫．数码相机市场的现状和未来［J］．影像材料，2002 (4)，54-58．

[36] 诸静等著．模糊控制原理与应用［M］．北京：机械工业出版社，1995．

[37] 陈炳和．计算机控制系统基础［M］．北京：北京航空航天大学出版社，2001．

[38] 曹承志．微型计算机控制新技术［M］．北京：机械工业出版社，2001．

[39] 徐元昌．机械电子技术［M］．上海：同济大学出版社，1995．

[40] 史维祥，唐建中，周福章等．近代机电控制原理［M］．北京：机械工业出版社，1998．

[41] 李培根，汤漾平主编．机电一体化设计［M］．南昌：江西科学技术出版社，2001．

[42] 裴仁清．机电一体化原理［M］．上海：上海大学出版社，1998．

[43] 杨汝清．现代机械设计——系统与结构［M］．上海：上海科学技术文献出版社，2000．

[44] 凌澄．PC总线工业控制系统精粹［M］．北京：清华大学出版社，1998．

［45］ 齐智平. 机电一体化系统的软件技术［M］. 北京：中国电力出版社，1998.

［46］ 王福瑞等. 单片微机测控系统设计大全［M］. 北京：北京航空航天大学出版社，1998.

［47］ 李刚，杨继东. 基于 PC 的开放式数控系统的开发［J］. 机床与液压，2006（4）：82-83.

［48］ 陈兴国，陈江鸿. 模糊控制洗衣机的设计［J］. 湖南大学学报，2002，29（3）：24-26.

［49］ 张建钢等. 模糊控制洗衣机混浊度检测系统［J］. 湖北工学院学报，2002，17（1）：8-10.

［50］ 周凯. PC 数控原理、系统及应用［M］. 北京：机械工业出版社，2006.

［51］ 杨长能等. 可编程控制器基础及应用［M］. 重庆：重庆大学出版社，1992.